国家电网有限公司
**STATE GRID**
CORPORATION OF CHINA

# 国家电网有限公司
# 典型场景机械化施工技术
# 舱式变电站分册

国家电网有限公司基建部　组编

中国电力出版社
**CHINA ELECTRIC POWER PRESS**

# 内 容 提 要

为总结提炼先进适用的技术成果和成熟有效的管理经验，固化形成典型场景机械化施工标准化成果和常态化机制，推动先进理念、典型经验转换为管理质效，国家电网有限公司基建部组织编写了《国家电网有限公司典型场景机械化施工技术》（四个分册）。

本分册为《舱式变电站分册》，包括概述、舱式变电站设计、预制舱标准化设计技术、舱式变电站施工、典型案例五章，阐述了典型场景下机械化施工设计技术、专用型施工装备、工程案例等内容。为方便大家使用，本分册还梳理了开关柜出厂验收（试验）标准卡、二次设备功能验收表两个附录。

本套丛书可供从事输变电工程建设的设计、施工、监理等工作的专业人员和管理人员使用，也可供相关院校师生学习参考。

**图书在版编目（CIP）数据**

国家电网有限公司典型场景机械化施工技术. 舱式变
电站分册 / 国家电网有限公司基建部组编. -- 北京：
中国电力出版社, 2024. 12. -- ISBN 978-7-5198-9558
-7

Ⅰ. TM7

中国国家版本馆 CIP 数据核字第 2024HQ1063 号

---

出版发行：中国电力出版社
地　　址：北京市东城区北京站西街 19 号（邮政编码 100005）
网　　址：http://www.cepp.sgcc.com.cn
责任编辑：翟巧珍（806636769@qq.com）
责任校对：黄　蓓　李　楠
装帧设计：赵丽媛
责任印制：石　雷

---

印　　刷：三河市万龙印装有限公司
版　　次：2024 年 12 月第一版
印　　次：2024 年 12 月北京第一次印刷
开　　本：710 毫米×1000 毫米　16 开本
印　　张：12.25
字　　数：226 千字
印　　数：0001—3000 册
定　　价：75.00 元

---

# 《国家电网有限公司典型场景机械化施工技术舱式变电站分册》

# 编 委 会

前言
FOREWORD

党的二十大提出，"高质量发展是全面建设社会主义现代化国家的首要任务"，要求"推动绿色发展""积极稳妥推进碳达峰碳中和""加快规划建设新型能源体系"，这为新时代我国能源电力高质量发展指明了前进方向，提出了更高要求。新型电力系统是新型能源体系的重要内容和实现"双碳"目标的关键载体，是保障国家能源安全的重要基础。

随着新型电力系统加速构建，沙戈荒风光能源基地和西南水风光综合能源基地加快开发。为满足新能源送出需求，电网建设持续处于大规模、快节奏、高强度的状态，并且逐步深入到"地域无人区""技术创新区"和"施工空白区"。国家电网有限公司始终以保障国家能源安全、服务"双碳"目标为战略引领，立足新型电力系统建设的新形势新任务，围绕电网建设"基础性、过程性、移动性、外部性"的特征实质，坚持守正创新、系统施策，实施基建"六精四化"三年行动，提出了"标准化为基础、机械化为方式、绿色化为方向、数智化为内涵"的"四化"建设，在输变电工程建设中全面推进机械化施工，通过技术创新、管理创新及应用实践，积累了不同建设场景机械化施工技术成果与管理经验，有效支撑了电网安全优质高效建设。

为总结提炼先进适用的技术成果和成熟有效的管理经验，固化机械化施工标准化成果，推动先进技术成果与管理经验转化为建设质效，国家电网有限公司基建部组织编写了《国家电网有限公司典型场景机械化施工技术》丛书，包含《山区输电线路分册》《河网沼泽地区输电线路分册》《沙戈荒地区输电线路分册》《舱式变电站分册》四个分册。

丛书以典型场景输变电工程机械化施工建设为主线，面向工程建设相关管理及技术人员，系统性介绍了相应典型场景下机械化施工设计技术、施工装备、工程应用实践取得的系列成果与典型经验。本分册为《舱式变电站分册》，包括概述、舱式变电站设计、预制舱标准化设计技术、舱式变电站施工、典型案例五章。

在丛书编写过程中，相关省电力公司、科研单位和施工单位给予了大力支持与协助，在此对各单位及相关专家表示衷心的感谢。

丛书内容如有不妥之处，恳请批评指正。

编写组

2024 年 11 月

目 录
CONTENTS

前言

# 概　　述

本章简要介绍了舱式变电站技术发展背景，重点介绍了预制舱式建设技术的 3 种技术方案。

## 1.1　变电站建设新要求

### 1.1.1　新型电力系统建设面临的新能源快速接入

新能源占比高是新型电力系统的重要特征。新能源项目具有点多面广的特点，其建设周期普遍较短，而电网建设周期长，常规建设模式难以很好满足新能源快速接入的需要，亟需创新建设方式，实现变电站快速高质量建设，满足新能源消纳的要求。

### 1.1.2　"双碳"目标下的绿色环保建设高要求

"双碳"目标的提出，标志着中国致力于经济社会的全面绿色转型，以应对全球气候变化的挑战。变电站采用绿色设计，设计目标着重考虑环境影响、可拆卸性、可回收性、可重复利用性等产品环境属性，使产品在全生命周期内对环境的总体影响最小，满足"双碳"目标下变电站建设的技术要求。

## 1.2　舱式变电站建设技术

舱式变电站是指将变电站内常规配电装置与建筑物组合的方式，替换为预制舱式设备的一种变电站类型。预制舱式设备指由预制舱体、一次设备、舱体辅助设施组成的组合设备。预制舱式设备具有工厂化程度高、模块化拼接速度快等优势，在光伏、风电、储能等新能源项目中得到了广泛应用。

目前国外有采用大型预制式建筑的舱式设备，在不受运输尺寸限制的地区，将建筑物与 GIS 整体运输至现场。

在我国，预制舱式设备的建设主要有拼舱建设技术、整舱建设技术和其他建设技术。

## 1.2.1 拼舱建设技术

拼舱建设方式目前主要有舱体分块拼接方式、舱体单元拼接方式和舱体沿轴线对拼方式 3 种方式。

### 1.2.1.1 舱体分块拼接方式

舱体分块拼接方式是将原来的建筑转化为舱体分块拼接的建设方式，将电气设备和分块的舱体独立分体运输，到现场后再分别进行拼接。利用该拼接方式，能够完成半户内和全户内舱式变电站的建设。

该方式按照"积木拼接"的理念，将电气设备布置于舱内，将预制舱体和设备分为独立的单元，运输至现场进行组合调试。相比于常规变电站，现场土建工作量大幅减少，现场接线调试工作量不变。这种舱体结构需要现场拼接，拼舱质量受材料老化和拼接工艺影响较大，且后期维护难度较大，可能发生渗漏现象，给设备运行带来影响。

### 1.2.1.2 舱体单元拼接方式

舱体单元拼接方式是舱体与设备一体化运输、现场舱体与设备同步拼接的建设方式，主要应用范围包括 110kV GIS、开关柜等。利用该拼接方式，能够完成半户内和全户内舱式变电站高中压侧的安装和建设。

在我国，常规户外 GIS 均采用架空出线方案，其间隔宽度和占地面积均较大。为加快工程建设进度，减少现场组装工作量，可以将 GIS 与舱在设备厂内完成组装。根据标准舱体宽度，110kV 每个舱最多 3～4 个间隔为一个安装单元预制在舱体内，运输至现场进行舱体和母线对接拼装。

GIS 舱式设备单元式拼接，舱体接口和舱内 GIS 接口同时完成对接，需尽可能减少 GIS 母线多个方向的误差，对设计精度和生产工艺要求较高。现场还需要结合舱式设备设计、运输及安装各个环节，制订相关细化方案，确保安装精度。

### 1.2.1.3 舱体沿轴线对拼方式

舱体沿轴线对拼方式是设备与舱体一体化运输、设备无拼接的建设方式，主要应用范围包括开关柜、二次设备等。利用该拼接方式，能够完成舱式变电站低压侧的安装和建设。

在预制舱应用于二次设备和开关柜的实例中，沿轴线对拼方式主要为了增加建设工程的舱体宽度，来满足对宽度有特殊需求的工程。单体舱体在厂内完成组装，现场仅需进行舱体对拼安装，并完成拼缝处进行防水处理。与装配式结构相比，二次接线部分可先在工厂内完成，进一步节约了现场安装时间。

## 1.2.2　整舱建设技术

整舱建设方式常用于紧凑电气设备预制舱式安装，是将电气设备安装在预制舱中，并在工厂内完成安装调试的一种建设方式，主要应用范围包括 35kV 开关柜、10kV 开关柜、二次设备、辅助用房等。舱体一次接口通过电力电缆或绝缘铜管母线连接，无需舱体现场拼接，消除了拼接舱体可能导致的漏水及消防等问题，提高了设备的可靠性，同时现场进行模块化布置，方便于工程后期扩建。

采用整舱方案建设，除主变压器、GIS 等大型设备以外，其余一、二次设备均与舱体集成，在工厂内完成安装、接线、调试，减少现场工作量的建设模式，以适用于需要快速建站、站区用地受限、设备安全性要求高的新型电力系统建设下新能源快速接入等应用场景。

考虑到大部分新能源接入变电站，整舱建设方案能够直接有效提升变电站建设效率和质量。整舱方案的实现，需要应用成熟先进技术，优化布置，提高设备集成度。预制舱整舱在工厂内生产、安装和调试，建设现场直接吊装就位，现场施工更加快速；预制舱在工厂内完成标准化作业，整舱设备质量把控更精准，质量得到更好保障。本书后续章节对应用整舱方案的舱式变电站建设技术进行详细介绍。

## 1.2.3　其他建设技术

随着智能化技术水平和工艺材料技术的快速发展，舱式变电站将向着更高电压等级、更大容量、更小占地面积等方向发展，相关的建设技术正在深化研究。

比如叠舱建设技术就是未来舱式变电站的发展方向之一，利用高标准化的舱体结构和高预制率的舱式设备，通过多舱体之间快速叠装拼接，实现全户内或半户内舱式变电站建设。从空间利用角度，充分利用纵向空间，实现土地资源的集约。从资源节约的角度，叠舱方案在钢结构用量、电缆用量等方面，均可达到节约辅材的目的。从集成化角度，叠舱方案对预制舱的集成化和标准化程度提出了更高的标准，能够推动预制舱向着集成度更高的方向发展。

# 1.3　建设优势与适用场景

## 1.3.1　建设优势

舱式变电站采用装配式围墙，预制舱式一、二次设备及辅助用房，现场土建施工与厂内预制舱设备安装调试并行，节约施工工期。开关柜、二次屏柜、电容器等在工厂内完成安装和调试，预制舱运输到现场后直接吊装就位，各预制舱间采用预制电缆、光缆快速插接，实现二次接线"即插即用"，现场无需单体调试，大幅度提高建设效率。

舱式变电站消减了建筑物模板及脚手架安装与拆除、钢结构梁柱吊装等三级风险作业，减少现场施工工序，特别是整舱建设时，可有效避免交叉作业，施工安全风险大大降低。

舱式变电站整舱建设时节约占地优势明显，优先选用绿色可循环建材，大幅减少混凝土和砌体工程量，减少碳排放量，提升工程绿色化建造水平。

舱式变电站将站内一、二次电气设备集成至不同的预制舱内，整舱运输、吊装，现场积木式组拼，集成度高，设备尺寸大、重量大，提升变电站机械化施工应用率，但也带来吊装风险控制的难题，需提前策划预制舱进场路线及吊装顺序，核实吊装预制舱的起重机选型及吊装位置等。

## 1.3.2　适用场景

舱式变电站以"设备与舱更集成、建造方式更绿色、工厂制造更高效、机械施工更便利、运维检修更智能"为建设理念，主要适用于以下建设场景。

（1）用地紧张。随着城市的扩张和不断发展，土地和空间资源稀缺，负荷中心的城市变电站用地受限的情况日益凸显。舱式变电站应用高度集成的预制舱式设备，采用小型化设备，比如充气式开关柜、纵旋开关柜等，大幅度减少变电站占地面积。

（2）工期紧急。为应对新能源快速接入而建设的变电站，或者应急供电的变电站，舱式变电站基础施工和工厂制造同步进行，舱式设备在工厂内直接完成安装和调试，现场直接吊装，大幅度减少现场施工时间。

（3）站址地形复杂（如三角形、T形、条形站址）。预制舱式设备为标准化的单模块，可应用多种拼接方式，解决变电站砌体房屋对站址地形的规整性要求。

（4）现场施工条件恶劣。变电站的站址处于地震带、沉陷区、高海拔缺氧环境、冻土层厚、运输不便的山区或海岛，或不允许大量土建施工的环境保护区、风景区等，建筑成本高或者不具备建筑施工条件，预制舱式设备综合考虑保温、耐久性和耐腐蚀性等因素，通过设计和严格的质量控制，通过免维护设备的选择，确保在极端气候条件下的可靠性和安全性，同时大幅度减少现场施工量，提升建设效率。

（5）适用于临时建设或后期需整体搬迁的变电站建设场景。舱式变电站具备快速建设的条件，能及时解决集中负荷的临时供电问题，可作为临时变电站（如度夏、集中检修时负荷转供、方舱医院等）使用。

在变电站建设的技术创新和方式转型升级中，舱式变电站具有明显的建设优势，能够适应新能源发展对变电站建设提出的新要求，也能够满足绿色环保建设的新需求，具备较强的应用性和推广价值。

# 2

# 舱式变电站设计

设计源头全面创新，最大程度工厂化生产和安装调试，减少现场人工作业，是实现变电站快速建设、全过程高机械化施工和绿色施工的前提条件。本章介绍舱式变电站与常规变电站的设计差异，论述舱式变电站设计技术特点，具体从预制舱式一次设备集成设计、机架式预制舱式二次组合设备集成设计、生产辅助用房舱式方案和舱式变电站运维智能化四个方面分别介绍。

## 2.1  舱式变电站总体设计

舱式变电站的总体布局设计沿用《国家电网有限公司输变电工程通用设计》的主体方案，主接线与常规变电站的接线一致。采用预制舱式设备后，平面布置、设备选型上与常规变电站有所不同。

### 2.1.1  设备选型

#### 2.1.1.1  一次设备选型

舱式变电站全面应用预制舱无拼接技术，按照电气设备、辅助设施与预制舱一体化集成，形成系列化预制舱式组合设备。

主变压器和 GIS 选型与常规变电站一致，采用户外布置，其余设备基本全部纳入预制舱内，预制舱内设备进行选型时，从一次设备基本参数、出线方式、绝缘介质、设备运输、设备布置等方面对比分析，优选 35kV 气体绝缘开关柜、10kV 气体绝缘开关柜、10kV 纵旋柜等优质小型化设备，一次设备的详细比选见本章 2.2。

#### 2.1.1.2  二次设备选型

现有变电站二次设备将 110、220kV 间隔层设备采用预制舱式二次组合设备、站控层设备、通信设备、电源等公用设备均安装在二次设备室建筑物中。

与常规的变电站相比，预制舱变电站不设置二次设备室建筑物，全站二次设备组合成为若干预制舱式二次组合设备。由于设备布置及安装方式发生了变化，给二次设备的选型和安装带来了一定的影响。

在预制舱变电站中二次设备主要选用前接线前维护设备，并使用机架安装在预制舱内设备靠舱壁布置，对于一些难以前接线前维护的设备采用单列后接线屏柜或者旋转机架、侧置机架等安装方式。具体设备布置及机架设计细节详见本章 2.3。

另外，由于全站二次设备布置进入预制舱，原有的户内和户外电缆、光缆接线变为了舱间的线缆接线，在舱式变电站内二次线缆主要采用预制式光缆、电缆及线缆附件进行连接，详见本书 3.2.2。

## 2.1.2　总平面布置

近年来，变电站的建设选址过程中经常遇到建设用地指标困难，涉及基本农田、林业用地、地块狭小等诸多问题。舱式变电站可根据站址地形灵活布置，可解决城市中心变电站征地难、建设难、落地难等难题；舱体外观因地制宜，可融合城市主题文化，与周边环境融为一体。

变电站平面布置上主变压器、GIS 位置与通用设计相同，二次设备舱因地制宜灵活布置，35、10kV 一次设备，无功补偿等预制舱围绕主变压器，靠近道路环形布置。以"节约占地、利于运输、方便出线、节约线缆"为原则，以通用设计平面布置为基本蓝图，结合舱式设备特点，因地制宜地进行优化布置，合理组合。

### 2.1.2.1　220kV 变电站总平面设计思路

将通用设计方案中配电装置室电气设备进行模块划分，所有功能模块采用舱式设备一体化集成，形成 10kV 开关柜、电容器、二次设备等预制舱式设备，功能分区清晰明确，相较常规"设备+建筑"方案，大幅减少用地面积。

横向尺寸优化方面：远期三台主变压器组成变压器模块组，布置在变电站中心区域，主变压器之间设置防火墙；打破常规二次设备室建筑方案，将一体化电源、主变压器、110kV 及 220kV 等二次设备采用预制舱，并下放至配电装置区布置；电容器采用小型化舱式设备，集中布置于站区西部空余位置，实现变电站横向尺寸仅由 110kV GIS 配电装置长度控制，总尺寸较通用设计优化约 13m。

纵向尺寸优化方面：主变压器进线柜采用"绝缘母线+下进线"方式，避免主变压器进线柜在"上进线"方式下，因配套"副柜"造成的舱体局部突出，在压缩纵向尺寸同时，还使得舱体外廓平整美观；10kV 预制舱提升舱体耐火极限性能，实现临近变压器模块布置，优化主变压器场区纵向尺寸。

#### 2.1.2.2　110kV 变电站总平面设计思路

110kV 变电站将通用设计配电装置室进行空间分解，开关室、二次设备室、生产辅助用房进行模块重构，35、10kV 配电装置分别独立成舱，二次设备室按功能需求分设 4 座二次预制舱。

变电站因地制宜，可根据 110kV 架空出线方向及周边厂房、道路限制等因素，考虑设备与舱的尺寸配合，将 110kV 配电装置模块与 35、10kV 配电装置模块对称布置，出线便捷。35、10kV 配电装置每段母线采用单独成舱，采用一字形布置于环形道路外侧，满足消防、运输等通道距离要求同时，又压缩纵向尺寸，减少占地面积。

二次设备舱、辅助用房舱联合布置于进门处，便于施工安装与运维；电容器、消弧线圈与之对称布置，站内设备设施功能分区明确。

#### 2.1.2.3　35kV 变电站总平面设计思路

35kV 变电站将通用设计方案中生产综合室内电气设备进行模块划分，设置 35kV 预制舱、10kV 预制舱、二次设备舱、电容器舱、辅助用房舱，除主变压器外，所有设备均采用舱式设备一体化集成。

主变压器、接地变压器位于变电站中心；根据进出线方向，35kV 二次设备舱和 10kV 检修舱南北对称布置；辅助舱和电容器舱均位于道路一侧东西对称，整个场区形成了中式四合院布局。站内设 U 形道路，与变电外部道路衔接为环形道路，优化场区纵向尺寸。

### 2.1.3　构筑物

舱式变电站构筑物采用装配式技术，能大大提高机械化施工效率，减少碳排放，提升工程质量。构筑物预制件采用标准化设计，统一尺寸和模数，减少差异性，固化构件选型及模块；固化专业间接口设计；推广使用工厂化、模块化、集成化成品，减少现场湿作业，大幅缩短施工时间，提高工程品质，主要构筑物如下。

#### 2.1.3.1　装配式围墙

舱式变电站的围墙方案采用装配式围墙方案。其中，围墙柱可采用预制混凝土柱、H 形钢柱，或者现浇混凝土柱。墙板采用预制混凝土板或其他耐久性良好的轻质墙板。

#### 2.1.3.2　装配式防火墙

装配式防火墙的选型一般有两大类，分别是装配式混凝土防火墙和装配式钢结构防火墙。墙板材料可采用清水混凝土预制板、蒸压轻质加气混凝土板或防火装饰一体化墙板。舱式变电站应结合当地建材配套能力、防火墙使用环境和荷载条件选用。

（1）装配式混凝土防火墙。它主要由混凝土柱、预制墙板和封口梁组成。其中，防火墙的立柱基础采用现浇基础。柱设置凹槽，安装完柱后卡入预制墙板，防火墙上部再采用钢筋混凝土梁进行封口，梁柱节点位置采用现浇处理。整体耐火极限大于 3.00h。

（2）装配式钢结构防火墙。防火墙采用钢柱 + 预制墙板结构形式，其中钢结构部分均采用防火包裹，整体耐火极限大于 3.00h。该结构形式能有效地加快施工进度及减小劳动强度，减少现场的湿作业。

预制墙板采用一体化集成大模块墙板，该集成板由两侧墙板 + 中间骨架填充岩棉组成，外墙板为纤维水泥饰面板，中间为矩形钢管骨架，内部填充岩棉作为防火材料。内外面板、骨架系统和防火材料等均在工厂内集成，整体加工，现场可直接挂板安装，无需施工檩条。现场可实现机械化吊装施工，能有效提高施工效率，减少现场湿作业，实现墙板零裁剪、零焊接。

### 2.1.3.3　标准化小型预制构件

预制压顶、预制小型基础、预制电缆沟盖板等全面应用小型预制件构件，统一尺寸和模数，减少差异性，同时可减少现场湿作业，缩短施工时间，提高工程品质。

### 2.1.3.4　成品构筑物

（1）一体化雨水泵池。一体化雨水泵池主要包含雨水泵、控制系统及远程监控等内容，是一种新型地埋式雨水自动化收集与提升系统。安装使用方便、质量可靠、土建工作少，集成化程度高，是传统钢筋混凝土雨水泵站的替代品。

（2）成品化粪池。舱式变电站的生活污水经化粪池处理，优先外排至市政污水管网。当不具备外排条件时，生活污水排入化粪池后，定期清理。

（3）成品消防棚。舱式变电站采用成品消防棚，工厂按要求将消防器材、消防工具、消防沙箱等集成布置在箱体内部，形成独立的产品，大大减少现场砌筑工程量。

## 2.2　一次设备集成

目前预制舱式一次设备主要采用拼舱模式，舱内 10、35kV 开关柜采用一字形单列布置、面对面双列布置或与二次设备屏面对面双列布置的形式，在建设、运维、检修中存在密封不严，容易发生渗水、漏水、凝露；监控后台与一次设备设置于同一预制舱内，运维人员遥控运行开关时，存在较大人身风险等相关问题。

针对现有变电站建设、运维、检修中存在的问题，国家电网有限公司开展舱式变电站研究，打破传统拼舱模式，采用整舱式设计，优选小型化设备，将一次设备与二次设备集成，设备与舱体再集成，在工厂内完成预制舱内设备接线及单体调试，实现预制舱式设备一体化设计、制造、安装。

## 2.2.1　预制舱式开关柜

### 2.2.1.1　设备选型

预制舱式设备受限于运输要求，选择较小尺寸的 10、35kV 开关柜。预制舱内设备进行选型时，应从设备尺寸、基本参数、出线方式、绝缘介质等方面分析，全方位对比分析空气绝缘开关柜（固定式、手车柜）、气体绝缘开关柜（$SF_6$ 气体绝缘、环保气体绝缘）、气体绝缘金属封闭开关设备（简称 GIS）优缺点。

（1）35kV 开关柜选型。根据结构和绝缘介质分类，目前市场 35kV 典型产品有空气绝缘开关柜、气体绝缘开关柜、GIS。

35kV 空气柜宽度及深度较大，在常规变电站应用广泛。$SF_6$ 气体绝缘开关柜采用不锈钢薄板焊接低压方箱形气体绝缘开关柜体，具有体积小、质量轻，免维护特点，适合用地紧张的场所、小容量变电站及预制式变电站。目前，环保型空气开关柜在国内案例较少，成本较高，且尺寸较空气柜宽度增加，优势较弱。35kV 开关柜性能比较如表 2.2－1 所示。

表 2.2－1　　　　　　　　　　35kV 开关柜性能比较

| 主要参数 | 空气柜 | 共箱式 GIS | 分箱式 GIS | 气体绝缘开关柜* | 环保气体绝缘开关柜 |
|---|---|---|---|---|---|
| 尺寸<br>（$W \times D \times H$，m） | $1.4 \times 2.8 \times 2.5$ | $0.8 \times 2.2 \times 2.75$ | $0.6 \times 1.7 \times 2.55$ | $0.8 \times 1.6 \times 2.4$，<br>$0.6 \times 1.6 \times 2.4$ | $0.9 \times 1.8 \times 2.5$ |
| 额定电流（A） | 1250～3150 | 1250～3150 | 1250～2500 | 1250～2500 | 1250～2500 |
| 开断电流（kA） | 25～40 | 25～40 | 25～31.5 | 25～31.5 | 25～31.5 |
| 特点 | 柜体尺寸较大，不适合预制舱内布置 | 免维护、绝缘水平高，气体泄漏率小柜体尺寸较大，不适合预制舱内布置 | 柜体尺寸较小适合预制舱内布置免维护、绝缘水平高，气体泄漏小 | 柜体尺寸较小适合预制舱内布置免维护，绝缘水平高，气体泄漏率小 | 免维护、环保气体绝缘。柜体尺寸较大，不适合预制舱内布置 |
| 结论 | 不适合 | 不适合 | 适合 | 适合 | 不适合 |

注　GIS 柜和气体绝缘开关柜各厂家尺寸略有不同，本表格尺寸仅表示常见数据。

\*　气体绝缘开关柜 1250A 宽度为 0.6m，2500A 和母设柜宽度为 0.8m。

35kV $SF_6$ 气体绝缘开关柜占地小，完全密封，绝缘水平高，免维护，提高运行的可靠性及人身安全，并具有全模块化优势，比传统的高压开关柜节省体积 70% 以上，适用于预制舱内使用。

35kV SF$_6$气体绝缘开关柜母线和断路器位于两个气箱隔室，互相独立、互相隔离、互不影响。断路器采用环氧浇注固封极注，操动机构在气室外。操作机构模块化设计，便于机构更换维护。三工位开关由电机驱动绝缘轴实现动触头的移动。断路器与三工位开关配合实现接地功能。电缆和绝缘母线连接头通过界面绝缘将高压电场封闭在固体绝缘介质中，保证了绝缘裕度，图2.2－1、图2.2－2所示分别为35kV气体绝缘开关柜预制舱实物图和结构图。

**图 2.2－1　35kV 气体绝缘开关柜预制舱实物图**

（2）10kV 开关柜选型。根据结构和绝缘介质分类，目前广泛应用的 10kV 开关柜主要有金属铠装中置式空气柜、纵旋移开式开关柜、气体绝缘开关柜。

10kV 金属铠装中置式空气柜宽度及深度较大，在常规变电站应用广泛。纵旋移开式开关柜采用断路器纵向布置，节省安装空间，具有断口可视，手车隔离简单可靠、易于实现电动远控，导体带电间隙大，散热通畅，触指结构可靠安全等优势。SF$_6$气体绝缘开关柜采用不锈钢薄板焊接低压方箱型气体绝缘开关柜体，具有体积小、质量轻、免维护特点，适合用地紧张、小容量变电站以及预制式变电站。环保型空气开关柜，成本较高，优势较弱，目前在国内案例较少。表 2.2－2 展示了不同类型 10kV 开关柜的性能。

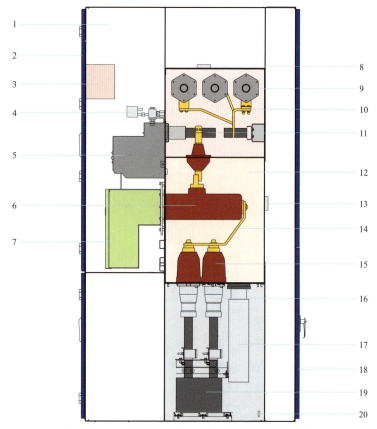

**图 2.2－2　35kV 气体绝缘开关柜预制舱结构图**

1—柜架；2—控制室门；3—保护控制单元；4—气体密度继电器；5—三工位开关操动机构；6—真空断路器；
7—真空断路器操动机构；8—主母线气室泄压口；9—主母线及连接插座；10—主母线气室；11—三工位开关；
12—断路器气室；13—断路器气室泄压口；14—支母线；15—电缆插座；16—电缆插头；17—插拔式避雷器；
18—电缆室盖板；19—电流互感器；20—接地母线

表 2.2－2　　　　　　　　　　　　　**10kV 开关柜的性能比较**

| 主要参数 | 纵旋柜* | 空气柜** | 气体绝缘开关柜*** |
|---|---|---|---|
| 尺寸<br>（$W \times D \times H$, m） | 0.65（0.8）×1.4×2.3<br>1×1.4×2.3 | 0.8×1.5×2.3<br>1×1.5（1.8）×2.3 | 0.6×1.23×2.41<br>0.8×1.5×2.41 |
| 额定电流（A） | 1250～4000 | 1250～4000 | 1250～3150 |
| 开断电流（kA） | 31.5～40 | 31.5～40 | 31.5～40 |
| 特点 | 隔离断路器断口可视，柜体尺寸较小，开关柜可单面维护，带电间隙大散热通畅 | 断口不可视，柜体尺寸较大，散热结构不佳 | 柜体尺寸较小，绝缘水平高，气体泄漏率小 |
| 结论 | 适合 | 不适合 | 适合 |

&#42;　纵旋柜 1250A 宽度为 0.65m，3150～4000A 宽度为 1m，母设柜宽度为 0.8m。

&#42;&#42;　空气柜 1250A 宽度为 0.8m，3150～4000A 宽度为 1m。

&#42;&#42;&#42;　气体绝缘开关柜各厂家尺寸略有不同，1250A 宽度为 0.65m，3150～4000A 和母设柜宽度为 0.8m，本表格尺寸仅表示常见数据。

因此，10kV SF$_6$气体绝缘开关柜、10kV 纵旋柜均适用于预制舱内使用。图 2.2－3 所示为 10kV 气体绝缘开关柜结构图。

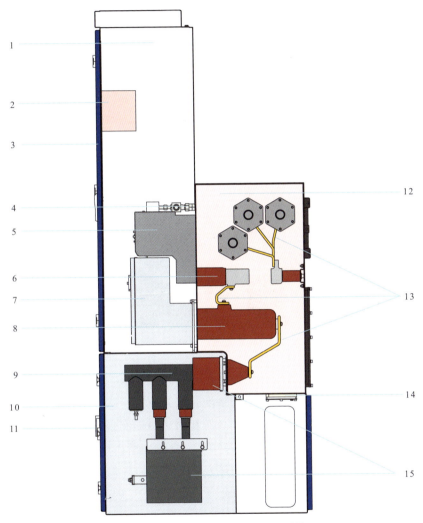

**图 2.2－3　10kV 气体绝缘开关柜结构图**

1—控制室；2—保护控制单元；3—控制室门；4—气箱充气和压力检测阀门；5—三工位开关操动机构；
6—三工位开关；7—真空断路器操动机构；8—真空断路器；9—外锥式电缆终端头；10—电缆室；
11—电缆室门；12—气箱；13—母线；14—泄压口；15—环形电流互感器

其中，10kV 纵旋式开关柜目前属于新技术产品，作为一种紧凑型设备，在节省占地面积等方面具有很强的优势；纵旋双断口隔离方式的结构形式结合了移开式开关柜的灵活置换性和固定式开关柜双断口可视隔离的安全有效性；手动/电动隔离操作功能的智能元件提高了设备的智能化水平；主要一次元器件从上至下直接联结，无须分支母线过渡及其他绝缘支撑，其结构简单、紧凑，载流路径短、接头少，发热量小，上下贯通的结构使散热更加有效。图 2.2-4 所示为 10kV 纵旋柜在预制舱内布置图。

图 2.2-4　10kV 纵旋柜在预制舱内布置图

10kV 纵旋柜主回路采用后、中、前的纵向布置方式。触头盒与主母线、隔离断路器、电流互感器、电缆引线端头和接地开关等主要一次元器件柜内从上至下直接联结。隔离断路器手车中置式，手车上三相极柱纵向布置，且可围绕旋转中心正反 90°旋转，既是断路器又具有隔离开关功能，且隔离断口可见，其结构如图 2.2-5 所示。隔离断路器既可电动操作，又可手动操作，具有一键顺控功能，能满足当前小型化、智能化、绿色环保变电站需求。

10kV 预制舱式纵旋柜采用柜顶高低结构，设有仪表室、母线室、断路器和电缆室 4 个独立隔室。母线室、断路器和电缆室各自有独立泄压通道。图 2.2-6 所示为纵旋式固封极柱断路器及隔离断口实物图。

1）一次回路布置。10kV 纵旋柜主要元件从上至下依次布置，没有支母线，电路径短，搭接面小，散热效果好，不存在散热死区。

2）对流散热、温升。10kV 纵旋柜结构上下气流通畅，载流路径短，总长度约为 1.7m。1250A 的柜子回路电阻约为 60μΩ。无发热死区，温升低。

(a) 纵旋柜外形图　　　　　　(b) 纵旋柜内视图

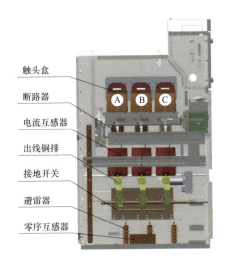

触头盒
断路器
电流互感器
出线铜排
接地开关
避雷器
零序互感器

(c) 纵旋柜结构图

图 2.2－5　10kV 纵旋柜结构示意图

3）主要元件功能复合，隔离断口。10kV 纵旋柜隔离断路器手车功能复合，既是断路器又具有隔离开关功能，且隔离断口可见。隔离断路器既可电动操作，又可手动操作。

4）小型化、智能化。10kV 纵旋柜柜体外形尺寸（mm）：650（宽）×1350（深）×2360（高）。隔离断路器、隔离开关及接地开关都可电动、手动操作，具有一键顺控功能，能满足当前小型化、智能化、绿色环保变电站需求。

(a) 纵旋式固封极柱断路器　　　　　　　(b) 纵旋柜隔离断口可视图

图 2.2－6　纵旋式固封极柱断路器及隔离断口实物图

纵旋柜可远程操控，实现故障快速分断和隔离，提升了预制舱式变电站智能化水平，提高变电站安全可靠性。

综上所述，35kV GIS 和 SF$_6$ 气体绝缘开关柜、10kV 纵旋柜和 SF$_6$ 气体绝缘开关柜均适合在预制舱式布置，一次舱优选 35kV 气体绝缘开关柜、10kV 气体绝缘开关柜、10kV 纵旋柜等优质小型化设备。

### 2.2.1.2　设备布置

（1）35kV 预制舱式设备。35kV SF$_6$ 气体绝缘开关柜，主母线额定电流 1250A，单母分段接线，每段出线为 2～3 回，两段母线开关柜设备及二次设备柜体均按最终规模布置于预制舱内。

35kV SF$_6$ 气体绝缘开关柜靠舱壁布置，柜前操作通道大于规范要求的 1.5m，满足《高压配电装置设计规范》（DL/T 5352—2018）通道要求。

每个开关柜柜后对应舱体开门。设备可实现柜前常规检修、维护，柜体整体更换时直接打开对应后舱门运出检修。

35kV SF$_6$ 气体绝缘开关柜比传统的高压开关柜节省面积 70% 以上。图 2.2－7 所示为预制舱式 35kV 气体绝缘开关柜式组合设备实物图。

（2）10kV 纵旋柜预制舱式设备。10kV 主母线额定电流分别为 4000～1250A，选择纵旋柜，单母分段接线，每段出线为 6～8 回，每段母线设为一个舱。开关柜均采用单列布置。各开关柜舱体尺寸均按远期规模考虑，开关柜设备及二次设备柜体均按最终规模布置于预制舱内。若需扩建主变压器，则新上一个完整开关柜预制舱，也可采用短轴拼接单元形式分体运输至工程现场，通过拼接安装为完整的预制舱。

10kV 纵旋式开关柜靠舱壁布置，柜前操作通道为 1.7m，母线室、断路器室、电缆室从上至下依次布置，电缆室前后贯通，安装、检修、维护全部可在柜前完成。

图 2.2－7　预制舱式 35kV 气体绝缘开关柜式组合设备实物图

10kV 纵旋柜比传统的高压开关柜节省体积 40%以上。图 2.2－8 所示为预制舱式 10kV 纵旋式开关柜组合设备实物图。

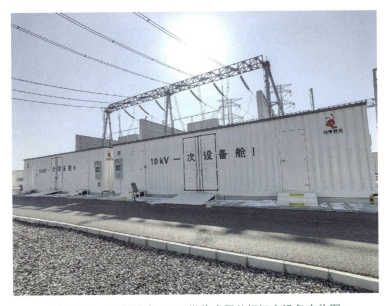

图 2.2－8　预制舱式 10kV 纵旋式开关柜组合设备实物图

（3）10kV 气体绝缘开关柜预制舱式设备。110kV 变电站 10kV 主母线额定电流分别为 3150A，选择气体绝缘开关柜，单母分段接线，每段出线为 8 回，每段母线设为一个舱。各开关柜舱体尺寸均按远期规模考虑，开关柜设备及二次设备柜体均按最终规模布置于预制舱内。若需扩建主变压器，则新上一个完整开关柜预制舱，也可采用短轴拼接单元形式分体运输至工程现场，通过拼接安装为完整的预制舱。

开关柜均采用单列布置。柜前操作通道满足 DL/T 5352—2018 中通道要求。

10kV SF$_6$ 气体绝缘开关柜比传统的高压开关柜节省面积 52%以上。图 2.2－9 所示为预制舱式 10kV 气体绝缘开关柜式开关柜组合设备实物图。

**图 2.2－9　预制舱式 10kV 气体绝缘开关柜式开关柜组合设备实物图**

（4）预制舱泄压通道布置。

1）气体绝缘开关柜预制舱泄压通道。为避免开关柜泄压通道占用柜前、柜后通道，开关柜及预制舱泄压通道统一设置在柜顶高度以上。从气体绝缘开关柜柜顶统一收集后，在预制舱设置集中的泄压口。图 2.2－10、图 2.2－11 所示分别为 35kV 气体绝缘开关柜预制舱泄压通道示意图、10kV 气体绝缘开关柜预制舱泄压通道示意图。

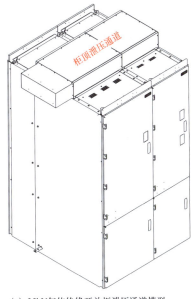

(a) 35kV气体绝缘开关柜泄压通道模型

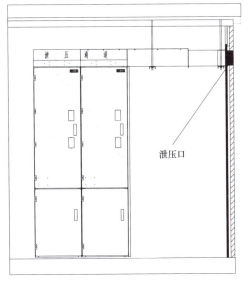

(b) 35kV气体绝缘开关柜预制舱泄压通道断面图

图 2.2－10　35kV 气体绝缘开关柜预制舱泄压通道示意图

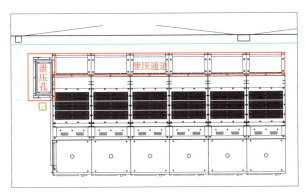

(a) 10kV气体绝缘开关柜泄压通道俯视图

(b) 10kV气体绝缘开关柜预制舱泄压通道实物图

图 2.2－11　10kV 气体绝缘开关柜预制舱泄压通道示意图

2）纵旋柜预制舱泄压通道。根据《3.6kV～40.5kV 交流金属封闭开关设备和控制设备》（GB/T 3906—2020）附录 B 内部电弧故障要求，纵旋柜型式试验报告母线室到天花板距离为 600mm，试品通过内部电弧故障试验。

纵旋柜内部电弧故障压力在柜顶泄压到预制舱内，纵旋柜母线室距预制舱天花板距离大于等于 800mm。

预制舱设置有泄压窗口，可满足泄压通道需求。图 2.2－12 所示为泄压通道实物图。

图 2.2 – 12　泄压通道实物图

## 2.2.2　电容器

舱式变电站有两种模式，即预制舱式电容器和集合式电容器，结构紧凑、占地面积小，在工厂内集成，整体运输至现场。

### 2.2.2.1　10kV 预制舱式电容器

220、35kV 变电站预制舱式电容器选用户内框架式电容器，布置于预制舱内，基础形式简单，安装便捷，接线方便，较常规户外电容器节省面积 50% 以上，布置灵活。图 2.2 – 13 所示为电容器预制舱实物图及结构图。

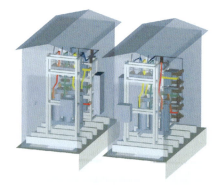

(a) 10kV 预制舱式电容器实物图　　　(b) 10kV 预制舱式电容器内部结构模型

图 2.2 – 13　电容器预制舱实物图及结构图

预制舱式电容器设操作区和本体区，操作区设置独立的大门及操作空间，满足日常巡视及操作要求；本体区设置全开式检修大门，满足设备检修运维要求。预制舱内部安装摄像头以及各类智能辅控装置，实时监控设备运行状态。图2.2–14所示为10kV预制舱式电容器内部结构图。

图 2.2 – 14　10kV 预制舱式电容器内部结构图

#### 2.2.2.2　10kV 集合式电容器

110kV舱式变电站采用紧凑型集合式电容器。电容器、电抗器和放电线圈为一体式全密封结构，三者均为油浸式，需要设置储油及挡油措施，图2.2–15所示为集合式电容器布置图，其与传统的框架式电容器结构形式相比具有以下特点：

（1）可靠性高。集合式电容器采用超大元件直接放入全密封箱壳内，元件之间采用专用钝化处理的压接端子和编织线连接。电容器组能承受更多的谐波和过电压影响。

（2）损耗小、温升低、噪声低。集合式电容器的结构形式有利于元件和绝缘油进行热交换，电容元件和箱体之间保证了充足的油隙。绝缘油在箱体内部充分循环散热，使得电容器的温升低、损耗小、使用寿命更长。箱壳外部采用噪声屏蔽外壳来降低噪声的影响，与框架式电容器相比在噪声控制方面具有明显优势。

（3）抗震抗风沙能力强。集合式电容器安装方式类似于变压器，设备重心低，抗震能力很强。集合式电容器由于外露的带电部位受外部环境因素影响小，抗风沙能力很强。

（4）运行维护工作量小。集合式电容器采用大容量集合，一体式结构，电容器除了进出线和差压接线以外，其他的接线都位于电容器油箱内部。现场安装简便，运行维护工作量小。

图 2.2-15　集合式电容器布置图

## 2.2.3　其他设备

### 2.2.3.1　主变压器

主变压器本体尺寸大，难以纳入舱内实现整舱运输。另外，大容量主变压器若采用舱内布置，则对通风、消防、泄爆系统均要求较高，因此现阶段仍推荐采用户外布置。图 2.2-16～图 2.2-18 所示分别为 220、110、35kV 变压器布置图。

### 2.2.3.2　GIS

GIS 采用户外 GIS，其中 220kV GIS 用进出线采用了双断口隔离开关。图 2.2-19、图 2.2-20 所示为 220kV 户外 GIS 布置图和双断口隔离开关布置图。

图 2.2 – 16　220kV 主变压器布置图

图 2.2 – 17　110kV 主变压器布置图

图 2.2-18 35kV 主变压器布置图

图 2.2-19 220kV 户外 GIS 布置图

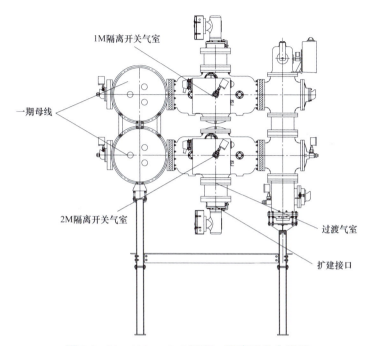

图 2.2－20 220kV GIS 双断口隔离开关布置图

目前 220kV GIS 电缆出线方案的最小间隔宽度可压缩至 1.5m（西门子、GE），ABB 间隔宽度为 1.65m，220kV GIS 受制于外形尺寸，应用标准预制舱难度较大。若采用舱式一体化设备，则单舱间隔容量仅为 2 个，110kV GIS 户内出线间隔宽度尺寸，根据厂家调研，一般为 0.8～1m，若采用舱式一体化设备，则单舱间隔容量仅为 3～4 个。

以 220kV 变电站通用设计规模，远期 220kV 间隔数量为 17 个，110kV 间隔数量为 23 个，共计需要 12～14 个标准舱段，导致需要现场拼舱的舱体数量较多，不利于运行维护。

因此，220、110kV 配电装置均采用户外 GIS，现阶段未采用预制舱式一体化布置。

### 2.2.3.3  接地变压器消弧线圈成套装置

接地变压器消弧线圈成套装置原采用箱式设备，采购时需保持箱体外形与站内其他预制舱一致。图 2.2－21 所示为 35kV 变电站接地变压器消弧线圈成套装置布置图。

图 2.2-21　35kV 变电站接地变压器消弧线圈成套装置布置图

## 2.2.4　一次设备状态感知集成设计

本节介绍了变压器、GIS、开关设备的通用状态感知监测手段及方法。同时介绍了声纹监测装置、红外双光谱云台摄像机新监测手段，完善了设备状态感知维度，下面阐述具体集成设计方式。

### 2.2.4.1　变压器状态感知集成设计

变压器状态感知集成设计与传统变压器状态感知设计相同，采用油中溶解气体在线监测装置（见图 2.2-22）、铁芯夹件接地监测装置。其中油中溶解气体监测装置，通过采集变压器绝缘油中的各类溶解气体，如氢气（$H_2$）、甲烷（$CH_4$）、乙烯（$C_2H_4$）等，对气体进行气相色谱分析，以判断变压器运行工况及潜在故障。变压器铁芯夹件接地监测装置，通过高精度的电流传感器和先进的数据处理算法，精确捕捉铁芯及夹件的接地电流变化，以预防因铁芯过热引发的绝缘损坏、油质劣化等问题。

其区别于传统变压器状态感知设计的是，舱式变电站集成了声纹在线监测装置及红外双光谱云台相机，共同用于对变压器的运行工况状态监测及故障研判。

空气式声纹传感器通过采集变压器运行的声纹信号，将其转换为声学信号后生成声纹时频图，对特征进行分析来判别变压器运行异常情况，如图 2.2-23 所示。

图 2.2－22　油中溶解气体在线监测装置

图 2.2－23　变压器空气式声纹在线监测装置

红外双光谱云台摄像机，如图 2.2－24 所示，通过采集可见光图像和红外光图像，联合监测变压器外部变化及内部温度分布，可以提供更加全面和准确的变压器状态信息。

此外，设计了新的在线监测装置网络架构，应用变压器监测终端新设备，如图 2.2－25 所示。替代了传统在线监测子系统中各类子 IED，建设了间隔层设备，规范了终端侧接入协议。上述油中溶解气体监测装置、铁芯夹件接地监测装置采集的相关变压器状态感知数据，经变压器监测终端统一汇聚，通过光纤/以太网上传至物联边缘管理平台。

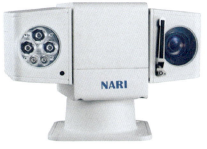
图 2.2－24　红外双光谱云台摄像机

(a)　正面

(b)　背面

图 2.2－25　变压器监测终端

#### 2.2.4.2 GIS 状态感知集成设计

舱式变电站和常规变电站的 GIS 状态感知集成方式相同。采用 $SF_6$ 压力、避雷器绝缘等在线监测装置，采集 $SF_6$ 压力、避雷器泄漏电流和动作次数等相关感知数据，经开关监测终端进行统一汇聚，通过光纤/以太网将数据上传至物联边缘管理平台。$SF_6$ 密度数字化远传表计、避雷器绝缘在线监测装置分别如图 2.2－26、图 2.2－27 所示。

图 2.2－26 $SF_6$ 密度数字化远传表计

图 2.2－27 避雷器绝缘在线监测装置

根据工程建设需要，可考虑扩充如特高频局部放电监测等技术应用，进一步拓展 GIS 状态感知维度，提升运检效率。

### 2.2.4.3 舱式开关设备状态感知集成设计

采用传统变电站开关设备状态感知通用设计，主要通过如图 2.2－28 所示的轨道机器人，探测局部放电、测温等手段进行状态感知。通过暂态地电波局部放电监测、温度监测、高清摄像技术，采集开关柜局部放电、温度等相关感知数据。其中，局部放电数据、温度及表计状态数据经机器人主机进行汇聚，舱内环境状态数据经动环监控终端进行汇聚，最终通过光纤/以太网将数据上送至物联边缘管理平台。可监测开关柜内部由于绝缘缺陷产生的绝缘、悬浮等放电现象产生。

图 2.2－28　预制舱式开关设备内部署轨道巡检机器人

根据工程建设需要，可考虑其他感知传感技术应用，如开关柜触点温度监测技术、机械特性监测等技术，进一步完善开关柜状态感知维度，提升运检效率。

## 2.3　机架式预制舱式二次组合设备集成

常规智能变电站站内间隔层二次设备安装于就地二次设备预制舱内，公用二次设备安装于二次设备室建筑物中。

二次设备舱内采用屏体安装二次设备，由于每个屏体都有独立的柜体结构，占用空间相对较大，二次设备预制舱内能安装的设备数量受到限制。另外，受制于二次设备舱整体宽度尺寸的限制，舱内运维检修空间相对狭窄，当运维检修时，二次设备屏柜门打开后，检修空间更加狭小。

现阶段，国内部分省份试点 220kV 舱式变电站中也使用过定制的机架式二次设备预制舱，主要是将过程层二次设备安装于机架式二次设备预制舱内就地布置，但全站公用二次设备仍安装在传统的二次设备室内。

由于舱内二次设备采用机架布置方式，缺少柜门保护，二次设备存在误触误碰风险，部分省份试点采用控制按钮、把手、压板等配件向机架内部下沉布置的方案避免误碰，虽简单易行但仍存在二次装置的按钮无法保护、仅能防止误碰无法避免误操作、无法规避走错间隔等问题。同时，舱内交流电源、直流电源、对时通信等公用设备配置布置及安装方式仍有待进一步优化。

针对上述问题，舱式变电站采用三类标准机架方案、智能防误系统、精准送风技术、四层四色专用电缆敷设集成技术等技术手段进行优化。另外，舱式变电站还采用智能录波技术、冗余保护/测控等新技术，提高舱式变电站的数字化智能化成程度。

### 2.3.1　二次设备舱式集成方式

常规智能变电站 220kV（110kV）间隔层二次装置已经下放至预制舱内。二次设备室内仍安装有一体化电源系统、监控系统、远动系统、辅控、消防系统、通信系统等大量的二次设备。

舱式变电站将全站二次设备全部安装入预制舱内，需要将同类型的系统或功能联系较为紧密的二次装置安装在同一个预制舱内，线缆敷设工作量尽可能在工厂内完成，仅留少量舱外线缆现场敷设。全站二次设备按照下列原则进行舱式集成。

（1）"三层两网"原则。智能变电站二次设备依照"三层两网"网络结构一般划分为过程层设备、间隔层设备、站控层设备。在站内二次设备集成入舱时，应按照不能网络层次分别整合。其中间隔层设备参照现有通用设计方案集成在一次设备中；间隔层设备独立集成；站控层设备单独整合集成。

（2）按功能划分原则。不同功能的二次设备集成在一起形成预制舱式组合设备。例如，通信设备集成在一起形成通信设备舱、电源设备组合在一起形成电源系统舱、220kV 间隔层设备集成在一起形成 220kV 间隔层设备舱。

（3）按规模整合原则。按照设备数量及规模不同，可将部分功能独立的设备单独集成为子系统舱，或者将功能及接线接近的但用途不同类型的二次设备集成进同一个二次设备舱。例如，电源系统比较大时，可将交流系统独立集成为交流电源子系统舱。变电站整体规模较小时可将监控及通信设备集成为监控及通信设备舱。

按照上述原则，舱式变电站建设按照不同电压低等级分别按照下列方案进行二次设备集成：

（1）对于 220kV 电压等级变电站，其二次系统相对规模较大、设备数量较多，宜分别独立集成为单独的预制舱式二次组合设备，即 220kV 间隔层舱、110kV 间隔层舱、主变压器间隔层舱、站控层舱、通信设备舱、直流电源舱、交流电源舱、蓄电池舱，如图 2.3－1 所示。

图 2.3－1　22kV 变电站二次设备集成方案图

（2）对于 110kV 电压等级变电站，其站控层、通信系统组成一个站控层及通信设备舱，录波、网分、智能辅助、火灾报警等公用设备组成一个公用设备舱、交直流一体化电源系统组合成一个独立的电源系统舱，主变压器及 110kV 电压等级的间隔层设备组合成一个间隔层预制舱。

（3）对于 35kV 电压等级变电站，其站二次系统由于相对规模较小、设备数量较少，组成一个合一的制舱式二次组合设备。

## 2.3.2　机架式预制舱设计方案

舱体外尺寸规格参考变电站建设工程整体设备运输条件，按照最大合理宽度设置。舱内机架采用顶天立地的安装方式，二次设备机架安装在预制舱长边两侧靠舱壁布置，机架顶部空间设置空调进风风道，机架下部设置机架间横向光电缆走线空间，下部前方设置空调出风排风道，如图 2.3－2 所示。

二次设备舱集成

图 2.3 - 2　机架式预制舱

### 2.3.2.1　三类标准二次设备机架

　　预制舱内二次设备机架靠墙布置，舱内设备为前接线前维护型设备，和传统后接线设备结构有所不同，且不同类设备的外形尺寸及物理接口都有所不同，故需要以全站二次设备为对象，针对不同设备的结构特点，设计对应机架方案。机架总体分为三大类，即常规二次设备机架、侧置二次设备机架、旋转二次设备机架。

　　（1）常规二次设备机架。此类机架适用于前接线前显示设备，机架宽度统一为700mm，自左至分为三个区域，即紧急解锁区、装置安装区、端子排检修区；装置安装区自上至下细分为四个区域，即空开安装区、设备安装区、压板把手安装区、横向走线区；二次设备安装区设置透明智能防误盖板，实现防误碰、误操作功能。总体机架布置方案如图 2.3 - 3 所示。

　　（2）侧置二次设备机架。适用于超深二次设备（深度超过 350mm）。机架宽度统一为 900mm，采用对开网孔门；深度 600mm，装置居中布置，侧面采取玻璃门；端子排纵向布置在机架后方；取消智能防误盖板。其结构设计如图 2.3 - 4 所示。

　　（3）旋转二次设备机架。适用于后接线前显示设备。机架宽度统一为 800mm；设备居中布置，设备安装面采取整体式可旋出结构；端子排纵向布置在机架后方；取消智能防误盖板。其结构设计如图 2.3 - 5 所示，其中俯视图为装置安装的旋转面打开状态。

　　在上述 3 类机架结构的基础上，针对通信类设备、电源系统设备结构及物理特性，进行特殊设计。

　　其中通信类设备，采用常规机架或侧置机架安装，由于散热量较大，透明智能防误盖板调整为网孔型智能防误盖板，满足散热需求。

　　一体化电源系统设备（除交流站电屏），采用常规机架及旋转机架安装，将开关类设备安装于可旋转的机架面板上，布置在智能防误盖板后方，满足接线及检修空间要求；针对散热量大的 UPS 主机，采用网孔型智能防误盖板。预制舱内机架整体效果如图 2.3 - 6 所示。

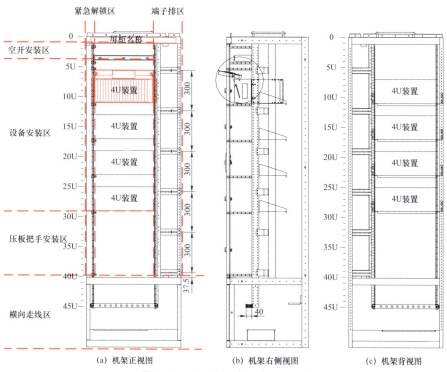

图 2.3－3　二次设备机架设计图

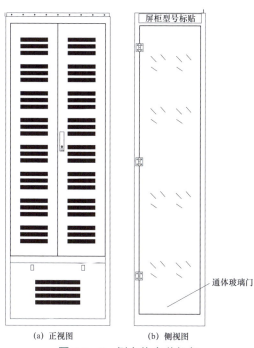

图 2.3－4　侧方位安装机架

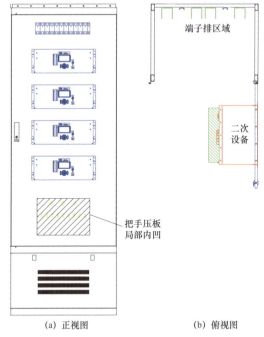

(a) 正视图　　　　　　　　(b) 俯视图

图 2.3 – 5　旋转机架设计图

图 2.3 – 6　预制舱内机架整体效果

### 2.3.2.2　四层四色电缆敷设技术

由于预制舱式二次组合设备侧壁空间相对较小，而顶部空间为辅控线缆走线及暖通风道布置空间，机架预制舱式二次组合设备的二次中线主要通道采用底部夹层及机架底部走线通道作为主要的敷设通道。

机架式二次预制舱内部设置 4 层线缆通道，分别为机架底横向走线通道 1 层及防静电地板下电缆夹层 3 层；不同层线缆通道采用 4 种色彩槽盒进行区分，实现线缆分层分类敷设要求，整体敷设路径清晰，便于运维检修。

图 2.3－7、图 2.3－8 所示为机架底部横向走线空间设计及其实物照片，同排机架下方设置横向走线通道，高度为 550mm，在走道侧采用可下翻打开的盖板封闭，

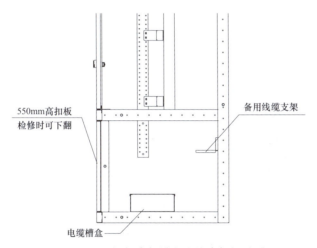

图 2.3－7　机架底部横向走线空间设计图

图 2.3－8　机架底部走线通道实物照片

走线通道内部安装白色电缆槽盒用于敷设交流电源线缆，机架后部靠近舱壁侧预留一列安装支架，作为冗余的备用线缆通道；为保证后期检修工作顺利进行，在该走线空间中设置独立灯带作为工作照明。

预制舱防静电地板下设置 3 层敷设区域，即光电缆夹层，夹层内敷设尾缆/网线、控制电缆、电源电缆，采用 3 种颜色槽盒区分安装。其中，考虑到尾缆/网线缺少外壳保护，防止下层敷设操作不当折断线缆，采用和尾缆颜色一致的黄色槽盒敷设在最上层；考虑设备电源指示灯颜色均为绿色，加上电源电缆截面较大，转弯及敷设难度大，为便于识别和敷设，采用绿色槽盒敷设在第二层；考虑控制电缆习惯采用黑色外皮，为便于观察，采用灰色槽盒，敷设在底层，如图 2.3-9 所示。

第一层黄色槽盒

第二层绿色槽盒

第三层灰色槽盒

图 2.3-9 二次预制舱底部电缆夹层

### 2.3.2.3 精准送风技术

机架式二次预制舱内综合考虑设备发热量，设置 2 台独立工业空调，功率配置满足舱内设备运行要求。此外，优化机架散热方式，通过"上回风+下送风+独立风扇/温控器"方式，实时采集舱内及各机架内温/湿度信息，实现智能控制、精准送风、快速降温，如图 2.3-10 所示。

机架底部 550mm 高度盖板上设置网孔或百叶，利用机架底部走道空间作为空调系统的送风道，机架顶部通道作为出风道，每组机架顶部设置独立进风口，进风口处均设置独立风扇及温/湿度控制器，当机架内设备温度高（或低）时，机架内置热敏电阻阻值发生变化，风扇启动向上抽出热风，冷风进入机架对设备进行降温，解决二次设备使用封闭的屏柜安装散热效果不好的问题。

图 2.3－10　送风空调系统

空调出送风方式如图 2.3－11 所示：舱体两侧空调均采用上进风，下出风方式。当舱内温度达到设定温度值时，舱内空调一次启动，进行制冷或制热。设备所排热量经机架上部风道流动至舱内过道两侧空调进风口，空调出风口冷气（或暖气）经舱内过道及每组机架底部的进风格栅进入机架内部，形成完整的热循环。

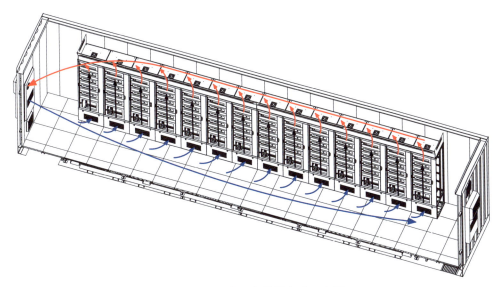

图 2.3－11　空调出送风方式示意图

对于交流电源屏等无法实现前接线前维护的设备，仍然采用传统屏柜在预制舱内中间单排布置进行安装，对于此类设备均不再设计独立的暖通风道，主要散热途径仍采用传统的柜体外表面及顶面散热的方式。

#### 2.3.2.4 机架智能防误系统

由于缺乏柜门保护，在采用机架方案的预制舱式二次组合设备内部，运维人员转身或者打开某设备进行操作时，存在与正常操作不相关二次设备的误触误碰风险；而采用传统屏柜的预制舱，其屏柜上虽有柜门保护，但同一小室或舱内为同一套机械锁，无法防止运维人员走错间隔。

所以机架预制舱式二次组合设备内部，需要一定防误手段及完善的防误逻辑，防止运维人员运维或操作错间隔。

舱式变电站在通过边缘物联管理平台中设置智能防误锁系统，结合机架上设置的防误灯带、智能盖板等防误手段对每组机架进行智能防误管理，可有效地解决误碰误触、走错间隔等问题。

（1）防误系统设置分析及具体方案。目前预制舱式二次组合设备内二次设备使用屏柜安装，一般工程站内同类二次柜体使用的屏柜门锁基本为统一钥匙，无法有效避免操作人员走错间隔。

国家电网有限公司系统内其他采用机架式预制舱的舱式变电站，其舱内设备在机架上一般采用直接安装的形式，设备正面裸露，没有防护隔离，相对来说误触误碰风险增加。虽然诸如修改保护定值、遥控操作等关键操作需要在设备上进行密码解锁，但一般站内同类设备的关键密码保持一致，无法区分间隔、无法规避走错间隔的风险。另外，对于一些非关键操作诸如调阅设备状态信息等操作时没有密码锁定。

针对上述问题，可采用智能防误盖板＋智能防误锁具＋智能防误灯带的方案进行解决及优化。

（2）机架防误智能盖板具体设计方案。在机架式预制舱内布置在机架上的每台二次设备、每个压板按钮区域设计透明玻璃（亚克力）智能盖板。机架顶部的空开区域，由于高度较高（一般在2000mm左右），误触误碰风险较小，同时由于空开区域距离防误智能灯带较近，操作空开时一般能够直视防误灯带，不容易发生操作出错问题，故设备机架顶部的空开区域暂不设置防误智能盖板。

正常运行阶段，舱内所有二次设备、操作智能盖板均处于闭锁的状态，当某一面预制舱内某一机架内需要运维操作时，对应智能盖板开放，可以打开进行操作。打开方式可设置为通过专项授权的加密钥匙进行开启。

防误智能盖板结构设计图如图2.3－12所示。

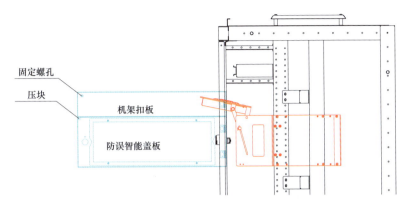

图 2.3－12　防误智能盖板结构设计图

如图 2.3－12 所示，以 4U 标准二次设备为例，防误智能盖板高度和设备保持一致，尺寸为 4U，正常运维调试时经过授权后可直接打开该盖板进行操作。当需要进行接线调整的时候对于采用面板上翻方案的前接线前维护设备，可以松开设备上端紧邻机架扣板的固定螺丝旋转开该扣板进行操作；机架扣板和防误智能盖板之间设置有压块，只有防误智能盖板打开时，该机架扣板才能打开。

每个防误智能盖板配置一只独立的防误智能锁具，防误智能盖板的开合受防误智能锁具控制。

（3）设置防误智能锁具。不同于常规的二次屏柜机械锁具，本次舱式变电站为每个防误智能盖板均配置了一只智能锁具，该智能锁具通过智能钥匙进行解锁，对于单次的运维或检修操作，通过智能防误锁具后台对该智能钥匙进行赋权。一次赋权后该智能钥匙可以打开该次操作的所有智能盖板，完成运维检修或操作后通过后台主机取消该钥匙的解锁权限。

智能防误系统后台集成在边缘物联管理平台中统一实现，图 2.3－13 所示为防误智能锁系统结构图。

如表 2.3－1 所示，防误智能锁具统一安装在防误智能盖板的左侧，其锁舌伸出时压接在机架左侧边沿条状结构下方。当发生紧急情况或者防误智能锁具系统发生故障影响正常的操作时，可以通过打开左侧压接锁具锁舌的边条结构实现整个机架的紧急解锁。紧急解锁结构的设计图纸如图 2.3－14 所示。

图 2.3－14 中左侧紫色色块结构为紧急解锁边条，黄色圆点为智能锁具实体，绿色部分为锁舌结构。紧急解锁边条轴体布置于左侧，需要紧急解锁时该边条向左侧打开，所有装置的智能盖板锁舌开放，形成解锁。

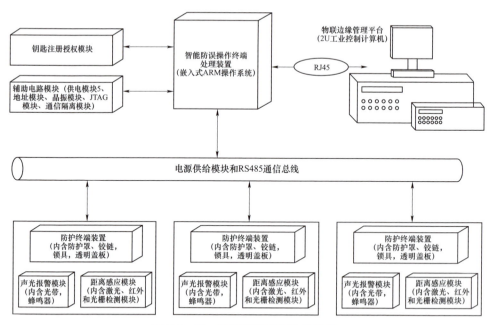

图 2.3－13　防误智能锁系统结构图

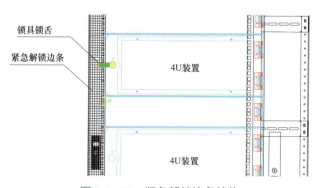

图 2.3－14　紧急解锁边条结构

（4）防误智能灯带具体设计方案。在每组二次设备机架顶部均设置和机架等宽的防误智能灯带，通过该智能灯带的颜色区分该机架是否被授权。在具体舱式变电站中，灯带显示绿色表示该机架设备可解锁进行操作，灯带显示红色则表示该机架处于运行状态，设备盖板无法解锁，不能进行操作。

防误智能灯带联动逻辑结构如图 2.3－15 所示，运行状态及安装调试状态下机架的不同防误灯光效果如图 2.3－16 所示。

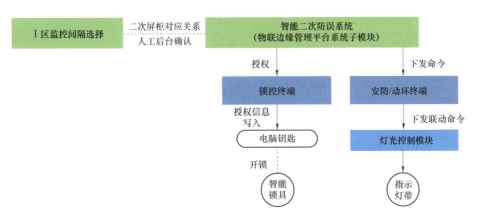

图 2.3－15　防误智能灯带联动逻辑结构

（a）运行状态下的效果

（b）安装调试状态下的效果

图 2.3－16　运行状态及安装调试状态下机架的不同防误灯光效果

### 2.3.3　智能故障录波系统

　　常规变电站二次系统中，站内保护及自动化设备品种众多，运维维护工作面向设备较多，工作较为复杂。预制舱式变电站采用智能录波器解决方案，集保信子站、故障录波器、网络分析仪、在线监测功能于一体四合一装置。这种方式不仅简化二次组网，而且也方便现场运维人员进行运维工作，提高工作效率。

智能录波器是一种集成保信子站、故障录波器、网络分析仪、在线监测等功能的装置，由管理单元与采集单元（一台或多台）组成。管理单元接入所有采集单元，通过站控层网络连接站内保护设备，对所有的保护设备进行保护信息管理，同时具备录波数据分析、保护设备在线监测、网络报文分析、二次系统可视化等功能。采集单元负责采集模拟量、开关量和通信报文，生成录波文件、进行网络报文分析，将过程层网络报文分析结果、站控层报文分析结果实时上送至管理单元，同时管理单元将报文分析结果与网络拓扑结构、二次设备状态、通信状态等相关联，实现保护设备在线监测、回路在线监测等功能，具体各模块需实现的功能如下。

（1）保信子站功能模块，具体包括如下功能：

1）保护装置定值管理功能，包含本地和远方定值召唤、定值信息展示、定值比对（与基准值比较、与上一次召唤数据比较）。

2）信息管理与综合分析功能，包含读取和存储保护装置故障录波文件、保护装置动作报告展示、故障录波文件波形分析、故障报告（包括一、二次设备与故障时间、故障序号、故障区域、故障相别、录波文件名称等）、智能诊断分析等。

3）监视与保护装置的通信状态，并对通信异常记录进行存储。通信状态改变时，向主站发送相应事件。

4）保护装置智能巡视功能，支持对保护装置进行自动巡视和手动巡视，并按照一定的格式生成巡视报告文件，自动巡视项目的结果和以曲线、棒图等方式展示，当巡视结果有异常时，应上送异常告警信息，并能响应主站召唤巡视报告文件请求。

（2）故障录波功能模块，具体包括如下功能：

1）模拟量和开关量的采集、记录、故障启动判别、信号转换等功能。

2）具有足够的启动元件，在系统发生故障时可靠启动，对故障及扰动的全过程进行触发记录，当暂态过程结束后，自动停止触发记录；根据触发记录数据能提供简要的故障信息报告，包括故障元件、故障类型、故障时刻、故障电流、启动量和故障测距结果。

3）具备 24h 不间断连续记录功能。

4）具备按间隔生成触发分通道记录文件和备份录波文件。

5）具备录波数据查询导出分析功能。

（3）网络分析功能模块，具体包括如下功能：

1）过程层及站控层报文采集、存储功能。

2）报文实时分析功能，当发现报文异常时主动告警。

3）通信过程分析，监视过程层网络或保护专网（包括 SV、GOOSE 节点）报文流量、帧速、通信中断、通信恢复等。

4）具备按一定的条件进行网络流量统计分析，具备流量异常告警功能。

（4）在线监测功能模块，具体包括如下功能：

1）保护装置运行状态在线监视。

2）过程层或保护专网物理连接在线监视。

3）虚回路在线监视。

4）保护装置监视预警，通过对保护装置温度、电源电压、过程层或保护专网端口发送/接收光强和光纤纵联通道光强监测信息的统计，并可根据同期数据比对、变化趋势、突变监测进行监视预警。

5）保护装置异常定位功能，根据定位结果给出相应处理建议。

舱式变电站通过减少系统配置、强化数据融合，大大减轻运维工作量，达到提升运维便利性及智慧化双重目的。图 2.3-17 所示为智能录波系统网络图。

## 2.3.4  保护/测控智能冗余

常规智能变电站 220kV 及以上电压等级的保护装置一般采用双重化配置，110kV 及以下电压等级保护装置一般单套配置，测控装置单套配置。当单套配置的保护装置或者测控装置退出运行或检修时，相关间隔需要配合停电，变电站运行的灵活性和可靠性收到上述设备单套配置的限制。

为解决变电站内全站测控装置/110kV 保护装置单套配置无备用的问题，统筹考虑建设经济性和运维便利性的因素，通过配置冗余装置，在单套主装置故障或检修退出运行时无缝切换实现相关功能。

单套冗余测控装置可以虚拟多个间隔测控功能，其模型、虚端子连接、运行参数等与所备用的间隔测控完全等价；当间隔测控因为故障或检修退出运行时，冗余装置通过接收 GOOSE 报文自动启动替代备用间隔测控装置，提高厂站端测控系统的可靠性。

全站冗余保护装置能在单套主保护故障或离线无法动作跳闸时，自动无缝替换主保护装置对相应的智能终端进行出口跳闸操作；还能通过收集变电站全站信息，获取更多故障状态量，提高保护精度，简化变电站后备保护及控制系统的结构，优化继电保护性能。图 2.3-18 所示为冗余装置系统图。

通过上述智能冗余二次设备的配置，可以减少因二次设备故障或检修造成的间隔停电，提高变电站运行的可靠性和灵活性。

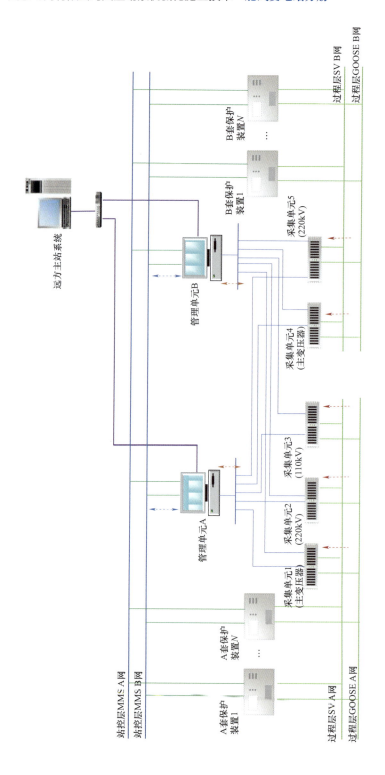

图 2.3－17　智能录波系统图

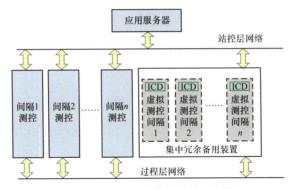

图 2.3-18 冗余装置系统示意图

## 2.3.5 辅助设备监控

运用"纵深、立体"布防理念，通过周界电子围栏系统、视频、可视对讲、智能传感等多重技术手段，从外围周界、主出入口到内部通道、设备舱进行立体防控，结合平台的智能分析、联动，系统性构建纵深立体安全防范体系。

（1）基于激光探测的出入口安全防护。不可见激光的发射与接收技术，实时监测光束的遮挡情况，不受环境因素干扰，解决传统红外对射误报问题，可进行全天候探测布防。

（2）基于身份识别的出入口控制。利用人脸识别、图像识别和可视对讲等技术，在模块化变电站大门部署可视对讲，实现远程视频认证与电动门控制，辅助出入管理。带卡进出模块化变电站时，可在门口机刷卡，权限认证成功后，操作门口机控制伸缩门开、关、停动作，从而进出模块化变电站；未带卡进出模块化变电站时，可在门口机呼叫监控中心，通过视频身份验证通过后，远程释放开门指令从而实现进出。

（3）基于多合一传感技术的微气象监测。利用传感器技术和电子集成技术，将多种探测手段进行整合，安装多合一微气象传感器。通过测量温/湿度、大气压、风速、风向、光照、环境质量等信息，在户外电子显示屏进行展示，为模块化变电站管理工作提供参考依据。利用传感器技术和电子集成技术，将多种探测手段进行整合。通过测量温/湿度、大气压、风速、风向、光照、雨量、环境质量等信息，结合户外电子展示牌进行展示，为模块化变电站工作提供参考依据。它适用于模块化变电站区域微环境的实时监测与展示。

（4）站域环境感知调节。站内部署微气象、设备舱温/湿度、电缆沟积水等感知设备，通过这些环境状态感知，可通过对空调、风机、水泵等远程控制，实现自主调节，提升模块化变电站安全运行保障水平。

（5）基于联动控制的密闭空间环境监控。针对二次设备舱、开关舱等密闭电气设备舱，利用物联网传感技术，通过温/湿度传感器实时监测舱内温度、湿度信息，根据温/湿度阈值和预设联动规则，联动对应设备舱空调控制器；空调控制器通过自学习技术、自动控制等技术，实现空调设备的运行状态监测、自动控制、远程控制，达到设备舱温/湿度自我调节效果。

（6）基于图像融合技术的全景高清视频。按区域划分，优先选取对应区域的制高点，部署高清瞭望全景摄像机，基于视频拼接融合技术，实现站内全景视频融合，形成区域内全覆盖的全景实时视频源。基于区域全景视频，可有效解决常规摄像机 PTZ 控制不可避免的视角盲区，结合模块化变电站常规视频监控点位的完善，进而提升基于视频监控的目标跟踪、基于图像识别的多点视频联动等深层次的功能应用。

# 2.4　舱式辅助用房

舱式辅助用房以标准化、少规格、多组合为原则，以集成化的工艺制造出来的产品，满足变电站生产辅助需求。

舱式辅助用房整舱集成、即装即用。不同电压等级的变电站，根据功能需求，可由多个基本单元现场拼装而成，附属设施根据需要选配。舱式辅助用房在工厂内一体化集成电气、给排水、厨卫等设施，内外部接口标准化，整舱运输，现场吊装就位，减少现场拼接量。

## 2.4.1　平面设计方案

舱式变电站辅助用房中的主要功能用房为资料室、安全工具间、保电值班室、男女卫生间、防汛器材室、应急操作室等。根据电压等级不同可以布置成以下两种平面方案，如图 2.4.1-1 和图 2.4.1-2 所示。

## 2.4.2　辅助用房装修方案

舱式辅助用房内部集成电气、给排水、厨卫等设施，其环境应满足变电站辅助用房的功能要求，典型装修方案如下。

（1）集成电气与智能化系统。值班室集成边缘物联管理平台前端显示设备、门禁系统、温/湿度传感器等设备，如图 2.4-3 所示。墙面穿管采用暗敷型式，走线横平竖直，整齐美观。为整体美观，供电走线暗装于墙身，配电箱内嵌，由配电箱出线沿墙身集中到天花后再分布到各开关插座。

图 2.4-1 平面布置方案一（适用于 35kV 变电站）

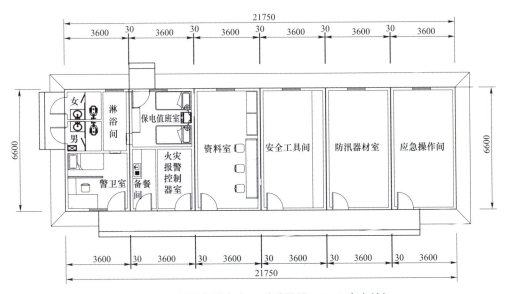

图 2.4-2 平面布置方案二（适用于 110kV 变电站）

图 2.4 – 3　值班室效果图

（2）集成给排水系统。卫生间和备餐间设有生活给水系统、生活污水系统。给水管采用 PP–R 管，热熔连接，采用暗装形式。室内生活污水排水管采用 UPVC 塑料排水管，胶粘连接，采用暗装形式。

（3）集成厨卫系统。卫生间配置即热式电热水器、整体式淋浴房、坐便器、洗手池、毛巾架、地漏等设施，工厂化安装集成。备餐间配置橱柜、水槽、案台等设施，并预留相关的管线接口。卫生间效果图如图 2.4–4 所示。

图 2.4 – 4　卫生间效果图

舱体内部装修材料选用环保优质材料，其中普通地面可采用强化地板或者地砖地面，防水地面可采用防滑瓷砖地面或者防水地胶地面，内墙可采用成品纤维水泥装饰板，顶棚可采用铝合金条形扣板集成吊顶。

# 2.5　物联边缘管理平台应用

舱式变电站由于工厂化集成度更高，可将原来一些分散的系统进一步集成为一套变电站站端系统，即物联边缘管理平台。相较于传统变电站平台，该平台整合站内一次设备在线监测、辅控、智能巡视系统等业务功能，并且在前端集成智能感知设备，进一步创新设备故障预警及辅助决策等高级功能，从而实现设备信息全面监视、设备状态自主巡检、设备风险研判预警、故障检修辅助决策四大功能板块。

## 2.5.1　平台软硬件架构

边缘物联管理平台作为集控站及数字化总体架构的站端节点，除支撑本地化运维使用之外，还可为集控站及省级物联管理平台提供数据支撑，平台已规划与市级集控站及省级"物联管理平台"的通信接口。

硬件设计方面，网络架构如图 2.5-1 所示。在前端设计并实时采集一次设备、消防监控、安全防范、动环监控、视频监控、机器人、声纹、人脸识别等监测数据，通过一次设备监测终端、消防信息传输单元、安防监控终端、动环监测终端等汇聚终端，按照标准规范协议，上传至物联边缘管理平台。

软件设计方面，如图 2.5-2 所示，物联边缘管理平台软件架构主要分为感知层、平台层和应用层。感知层通过动态协议适配进行前端各类感知终端信息采集和融合；平台层提供设备采集接入、流媒体、三维模型及 AI 算法等基础服务和高级服务；应用层通过"全面监视、自主巡检、研判预警、辅助决策"的业务应用支撑构建舱式变电站智慧立体巡检体系。

## 2.5.2　平台应用功能

变电站物联边缘管理平台主要包含四个应用模块，即全面监视、自主巡检、研判预警及辅助决策。

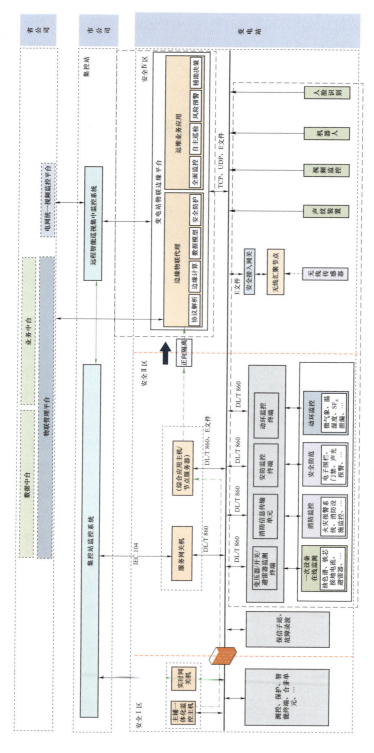

图 2.5-1 物联边缘管理平台架构图

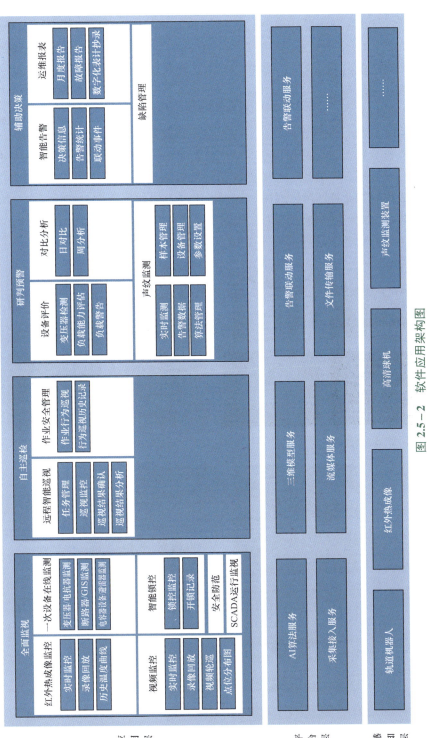

图 2.5-2  软件应用架构图

应用层

全面监视

红外热成像监控
实时监控
录像回放
历史温度曲线

一次设备在线监测
变压器/电抗器监测
断路器/GIS监测
电容器避雷器监测

视频监控
实时监控
录像回放
视频轮巡

智能锁控
锁控监控
开锁记录

安全防范
点位分布图

SCADA运行监视

自主巡检

远程智能巡视
任务管理
巡视监控
巡视结果确认
巡视结果分析

作业安全管理
作业行为巡视
行为巡视历史记录

研判预警

设备评价
变压器检测
负载能力评估
负载告警

对比分析
日对比
周分析

声纹监测
实时监测
告警数据
算法管理

样本管理
设备管理
参数设置

辅助决策

智能告警
决策信息
告警统计
联动事件

运维报表
月度报告
故障报告
数字化表计抄录

缺陷管理

平台层

AI算法服务
采集接入服务

三维模型服务
流媒体服务

告警联动服务
文件传输服务

告警联动服务
……

感知层

轨道机器人

红外热像

高清球机

声纹监测装置

……

（1）全面监视。基于舱式变电站内各类系统、状态感知装置提供的全业务数据，结合变电设备管理要求和运维人员工作开展方式，平台提供了设备状态、运行环境、人员管控等方面的监视手段。以设备为对象，关联整合主辅多维数据，全景展示设备状态信息，实现舱式变电站在线监测、辅助监控、红外监控、视频监控等功能，为运维人员提供立体多维的全面监视手段。

（2）自主巡检。站内设计视频监控、红外热成像测温、在线监测等装置，实现例行巡视点位全覆盖。以图像识别等辅助分析手段，完成对巡视任务（例行巡视、全面巡视、熄灯巡视、特殊巡视）的替代。可主动推送巡视异常结果的预警信息，并自动生成报表。此外，可针对同一巡视点不同手段的巡视方式进行横向分析，根据设备不同相别进行纵向对比分析，实现多维度的智能判断，为运维人员提供有效参考。自主巡检典型识别场景如图 2.5–3 所示。

(a) 设备状态识别    (b) 设备缺陷识别

(c) 作业人员行为识别

**图 2.5–3 自主巡检典型识别场景**

（3）研判预警。研判预警应用包括下列设备运行状态监测预警、安全生产环境监测预警等四项内容，具体如下。

1）设备运行状态监测预警。基于变电设备状态感知数据、运行工况数据、历史异常数据等多维时空特征参量，构建设备状态预警模型，对已经发生、正在发生或可能发生的故障进行分析、判断和预警。图 2.5－4 所示为变电设备运行状态预警流程图。

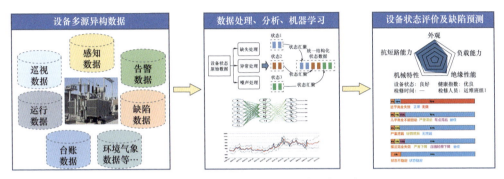

图 2.5－4　变电设备运行状态预警流程示意图

2）安全生产环境监测预警。通过全景视频多维目标跟踪、站址周界多维立体防护、有害气体检测、站域微环境监测及红外测温等技术手段，实现生产环境风险源的实时监测，提升变电站安全防护能力。

3）人员作业行为监测预警。利用站内视频监控等设备对人员作业行为进行实时监视，实时视频流通过人脸识别、人数检测、安全帽确认等智能算法分析，可最大限度地提升运检作业人员的安全作业。

（4）辅助决策。以站内运检人员经验、历史故障消缺报告等作为数据基础，建立故障缺陷处置知识库。依托设备状态全景数据的实时监视，基于量测信号、实时视频画面、智能巡检结果等判据，匹配知识库推送辅助决策建议。可自动生成任务计划报表、生产报表、统计报表、数据分析报表、历史缺陷记录等信息，辅助运维人员对设备的故障判断及处置。

# 3

# 预制舱标准化设计技术

　　舱式变电站按照舱体结构统一原则，在结构选型、外形装饰、暖通、照明内外接口等方面实现统一标准，一方面有利于后期吊装实施，另一方面方便现场后期的生产运维。本章主要介绍预制舱非生产系统的标准化设计，从舱体标准化和接口标准化两方面分别介绍。

## 3.1　舱　体　标　准　化

　　不同厂家的预制舱在结构系统、外围护系统、设备与管线系统、内外装饰系统等方面均存在明显差异。为了统一舱体内部构造，提出标准化的舱体系统方案。

### 3.1.1　结构系统

　　随着国家电网有限公司变电站模块化建设的推广，预制舱舱体结构系统的研发和应用也在快速推进。预制舱结构一般采用钢框架体系、小跨度门式钢架体系和轻钢框架体系。钢框架体系在一些尺寸跨度较大的箱体中，会产生挠度变形过大，一般主材尺寸较大用钢量较多；小跨度门式钢架结构是一种结构稳定、施工工艺简单的钢结构，门式钢架的双坡形式正好符合预制舱的屋面选型模式，在屋面钢架上加盖金属防水屋面，但该结构形式用钢量较大，节点接口的薄弱点较多。

　　根据现行的国家电网有限公司企标要求，国内几大主流设备舱厂家均采用轻钢框架体系进行舱体深化设计。该体系采用超静定结构墙体骨架模型（见图3.1－1），不仅增强了舱体在风载、吊装及地震情况下的结构稳定性，与普通钢框架、小跨度门式钢架结构相比，整体钢材用量减少；超静定预制舱结构中的每一根杆件的弯矩与剪力大幅减少，杆件受力主要以轴力为主，符合杆件的受力条件，更利于发挥材料的性能，真正做到物尽其用，如图 3.1-2 所示。舱式变电站在采用轻钢框架结构的前提下，对舱体结构的材料选择、荷载要求、舱体防护、连接构造等方面提出了明确的技术要求，从而保证在各类工况下，不产生永久变形、不影响设备正常运行。

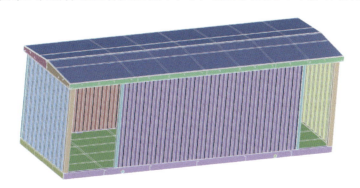

图 3.1-1　超静定结构整体预制舱模型

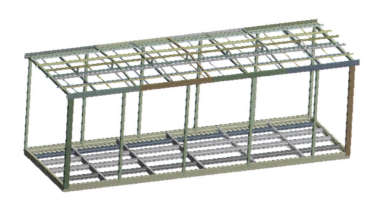

图 3.1-2　超静定预制舱墙体骨架结构型式

### 3.1.1.1　材料选择

舱体所用到的钢骨架和钢板的钢材力学性能指标应符合现行国家标准《钢结构设计标准》（GB 50017—2017）、《耐候结构钢》（GB/T 4171—2008）中的有关规定。

舱式变电站站结构舱体采用轻钢框架结构，屋盖采用冷弯薄壁型钢檩条结构。舱体骨架应整体焊接，保证足够的强度与刚度舱体在起吊、运输和安装时不应产生永久变形、开裂或覆盖件脱落。

其中，舱体的底架部件由型钢焊接而成，具备承载设备的底座，主材采用热轧型钢。舱底板采用花纹钢板，底部封板要求满焊，具备防水功能。舱底板上应沿每排机柜布置两根槽钢，与底板焊接作为机柜安装基础，机柜底盘通过地脚螺栓与槽钢固定。框架主体结构与底座焊装一体；门和顶盖钢板厚度不小于 2mm；底板厚度不小于 3mm。

### 3.1.1.2 荷载要求

预制舱结构设计，应按承载能力极限状态和正常使用极限状态进行设计。常见的荷载包含结构自重、检修集中荷载、屋面雪荷载、积灰荷载、风荷载和设备悬挂荷载等。荷载组合应符合现行国家标准《建筑结构荷载规范》（GB 50009—2012）的有关规定。

其中，结构自重、检修集中荷载、屋面雪荷载和积灰荷载等取值，应按现行国家标准《建筑结构荷载规范》（GB 50009—2012）的规定采用；舱体的风荷载标准值，应按《门式刚架轻型房屋钢结构技术规范》（GB 51022—2015）的规定计算。悬挂荷载应按实际情况取用。屋面需承受 $1.0kN/m^2$ 荷载。

预制舱还应考虑地震作用，并符合现行国家标准《建筑抗震设计规范》（GB 50011—2010）的规定。对于设防烈度不高于 8 度（0.3$g$）地区，舱体应按照设防烈度 8 度（0.3$g$）进行地震设计，其他地区应按照设防烈度不低于 9 度要求设计。其中，舱体抗震性能按下列方法评估：舱体抗震性能试验按照《电力设施抗震设计规范》（GB 50260—2013）中抗震试验的方法进行。在设计的地震作用下，按规定方法试验后，舱体防护性能不降低、舱体外立面装饰构件不应脱落、舱内辅控设备完好、舱门无损坏；对于由于尺寸原因不具备试验条件的舱体，舱体框架本身的抗震性能可采用仿真分析验证。

除上述荷载外，预制舱体还应考虑吊装工况。舱体应根据舱体尺寸和重量要采用四点或者八点吊装，保证整舱起吊平稳、舱内设施安全。

### 3.1.1.3 舱体防护

预制舱由于采用钢结构体系，长期外露于大气环境下，会与大气中 $CO_2$、$SO_2$、水分等发生电化学反应，引发大气腐蚀，导致钢结构抗冷性能等不断下降，加大脆性断裂风险，降低钢结构承载能力和抗地震能力，危及人和设备安全。因此，舱体的防护设计尤为重要。本书中舱式变电站预制舱借鉴以往户外箱式变电站成熟的防腐工艺，对整体防护提出以下要求：

（1）预制舱整体防护等级 IP54，具备防尘、防潮、防凝露的效果。预制舱的防护等级试验按照 《外壳防护等级（IP 代码）》（GB/T 4208—2017）中的试验方法进行。试验后，在预制舱试验的地方，接合面、门框接缝处不能出现渗水漏水现象。

（2）舱体应采取有效的防腐蚀措施，构造上应考虑便于检查、清刷、油漆及避免积水。经过防腐处理的零部件，在中性盐雾试验最少 336h 后应无金属基体腐蚀现象。

（3）预制舱主体钢结构防腐处理采用多道防腐工艺，包括前处理、中间层、面层等多重处理工艺，前处理需保证钢板表面足够的粗糙度，总厚度不应小于 240μm，保证舱体在 C3 环境下达到 20 年不锈蚀的防腐水平。

（4）预制舱的附属构件宜采用以下防护措施：

1）外壳的门板和框架若采用铰链联结，保证在舱体的使用年限内，活动处不生锈。

2）对穿通外壳的孔，均采取相应的密封措施，若实在无法避免使用外露紧固件，则必须选用不锈钢紧固件，防止紧固件生锈。

3）对于舱体中的其他金属附件，优先选用不锈钢；若使用普通钢材，提供相应的防腐做法及后期维护做法。

（5）防腐蚀涂装材料必须具有产品质量证明文件，其质量和材料性能不得低于现行国家标准《建筑防腐蚀工程施工规范》（GB 50212—2014）和其他相关标准的规定。涂料的质量、性能和检验要求，应符合现行行业标准《建筑用钢结构防腐涂料》（JG/T 224—2007）的规定。同一涂层体系中各层涂料的材料性能应能匹配互补，并相互兼容，结合良好。

#### 3.1.1.4 连接构造

预制舱连接节点应构造合理、传力可靠、方便施工。节点的设计应符合现行国家标准 GB 50017、GB 50011 中的有关规定。舱体与基础应牢固连接，宜焊接于基础预埋件上或者采用螺栓连接。舱体下场地应具备排水、防潮措施。预制舱与基础之间的水平剪切荷载，可通过在连接部位设置抗剪构件承担；左右预制舱水平方向连接产生的荷载，可采用预制舱专用连接件来承担。

### 3.1.2 围护系统

预制舱体的围护系统主要包含外围护墙板和屋盖。工程参考《建筑设计防火规范（2018 年版）》（GB 50016—2014）相关要求，对含油设备 10m 内的舱体，舱体外围护、舱体屋面最低性能水平为耐火 3h 以上，耐火试验报告满足国标相关取样和试验的要求。

舱体墙壁的外围围护材料可分为金属和非金属两大类。金属的有普通的冷轧钢板、耐候钢、不锈钢等，典型的非金属材料有金邦板、FC 板等。

（1）钢板瓦楞。瓦楞板也叫作压型板，采用彩色涂层钢板、镀锌板等金属板材经辊压冷弯成各种波形的压型板，它适用于工业与民用建筑、仓库、特种建筑、大跨度钢结构房屋的屋面、墙面以及内外墙装饰等，具有质轻、高强、色泽丰富、施工方便快捷、抗震、防火、防雨、寿命长、免维护等特点，如图 3.1－3 所示。

图 3.1－3　钢板瓦楞成形外围材料

建筑屋顶、楼面和墙面采用了受力和连接更为合理的板型，科学的施工方法和防腐蚀性能更强的镀铝锌板、铝镁锰合金板、钛合金板、不锈钢等的研发，大大提高了压型金属板的应用技术水平。

在板型构造与标准方面，出现了咬边构造、扣合构造及紧固件隐藏式连接等第二代压型板产品；闭口型板楼已有成熟的应用；同是压型板的镀层板（基板）增加了镀铝板、镀锌铝板品种，涂层板增加了偏聚氟乙烯（PVDF）涂层板、高耐候聚酯涂层板（HDP）等新产品。

瓦楞钢板的主要特点如下：

1）造型美观新颖、色彩丰富、装饰性强、组合灵活多变，可表达不同的建筑风格。

2）自重轻（6～10kg/m²）强度高（屈服强度 250～550MPa）、具有良好的蒙皮刚度、防水剂抗震性能好；成形的瓦楞钢板与骨架焊为一体，对舱的整体强度的加强作用明显。

3）施工安装方便，减少安装、运输工作量，缩短施工工期；整体布局比较灵活，加工工艺如可焊接性，可切割性能良好。

4）压型钢板属环保型建材，可回收利用，推广应用压型钢板符合国民经济可持续发展的政策，不会产生永久性的建筑垃圾。

5）单体材料价格较高，采用普通的冷轧钢板、耐候钢时比较经济。

6）与混凝土或砌体围护材料相比，耐久性较差。普通的冷轧钢板、耐候钢要求防腐处理得非常到位，在整个生命周期中需对表面的油漆进行数次围护。

（2）金邦板。金邦板是一种集功能性、装饰性为一体的新型墙体材料，以水泥、木质纤维等为原料，不含石棉等对人体有害的物质。其生产线系引进国外先进的生产设备和技术条件，自动化程度高，工艺稳定。产品各项技术指标均达到外国和中国相关标准。金邦板分为两大系列：实心金邦板（S 系列）和空心金邦板（K 系列），其适用范围及特点如下：

1）金邦板能有多种形状和色彩供选择，有立体的感觉，外观效果不错。

2）自身重量较大，对骨架的强度要求较高，如骨架强度不足，起吊运输时产生的变形会对所挂金邦板产生挤压损坏。

3）施工工艺比较复杂，金邦板需从下往上依次挂在骨架上，如施工和使用过程中出现金邦板破损，需将其上的依次拆除，更换后再复位。

4）金邦板的生产工艺比较复杂，供应渠道比较单一，价格无竞争力。

5）金邦板的耐候性较好，板间间隙采用密封胶，每隔一定年限后需要围护处理。

（3）纤维水泥板（FC 板）。纤维水泥板是指以水泥为基本材料和胶黏剂，以矿物纤维水泥和其他纤维为增强材料，经制浆、成型、养护等工序而制成的板材，纤维水泥板应用于国内各类发电厂、化工企业等电费密集场所电缆工程的防火阻燃，也是大型商场、酒店、宾馆、文件会馆、封闭式服装市场、轻工市场、影剧院等公共场所室内装饰防火阻燃工程的最佳防火阻燃材料。其适用范围及特点如下：

1）FC 板比较平整，外观效果较好。

2）安装工艺比较简单，FC 板上打沉孔，用沉头自攻螺丝将 FC 可靠固定在舱体骨架上，单块 FC 板尺寸较大，安装效率较高。如有破损，修补更换也比较容易。

3）FC 板的生产工艺比较成熟，供应渠道较多，经济性较好。

4）FC 板的耐候性较好，板间间隙采用密封胶，每隔一定年限后需要围护处理。

综上所述，外围护墙板采用钢板瓦楞成形的墙板，具有质轻、高强、色泽丰富、加工方便快捷、抗震、防雨、寿命长、免维护等特点，屋盖采用冷弯薄壁型钢檩条结构。钢板瓦楞成形的墙板能够兼顾各项性能指标，最经济，同时与主结构形成蒙皮效应，结构更加安全可靠，如图 3.1-4 所示。

预制舱具备良好的隔热保温性能，保证舱体内温差不因外界环境温度变化大范围浮动。预制舱舱体采用外饰面+防火填充+内装修层，保温性能满足国家相关标准要求，并满足当地消防验收要求。外饰面板采用厚度为 2.0mm 的波纹钢板，内装修层采用 A 级不燃船用复合岩棉夹芯板（船舱板），中间采用防火保温材料填满，确保整个预制舱的保温和防火性能。舱体门板采用"断桥隔热"技术，内门板相对于外门板处于悬浮状态（点接触），最小间隙不小于 3mm，内门板和外门板之间填充阻燃发泡材料，内门板和外门板的热传导率减少至 2%。

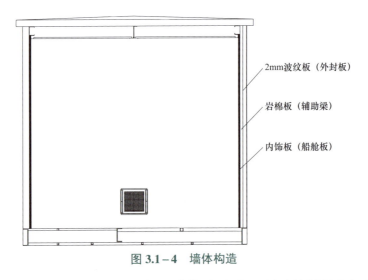

2mm波纹板（外封板）

岩棉板（辅助梁）

内饰板（船舱板）

图 3.1－4　墙体构造

　　预制舱地面采用防静电活动地板（玻化砖面层），活动地板钢支架应固定于舱底。舱底板与防静电活动地板之间为线缆走线夹层，净高度为200～300mm。手车活动区域采用镀锌钢板上敷设绝缘橡胶垫，颜色与活动地板相协调。设备舱内部所有装修材料均需满足《建筑内部装修设计防火规范》（GB 50222—2017）中 A 级不燃材料的要求。舱体的内装饰板采用 A 级不燃船舱板，抗紫外线、抗老化、长寿命，保证 20 年内不褪色、不氧化、不粉化，内饰板采用镀锌钢板表面喷涂金属漆工艺。设备舱采用镂空吊顶，线缆布设方便、美观，如图 3.1－5 所示。

图 3.1－5　电气设备舱吊顶

　　舱体采取有效的防腐蚀措施，便于检查、清刷、油漆及避免积水。经过防腐处理的零部件，满足中性盐雾试验最少 336h 后无金属基体腐蚀现象，舱体附件达到与舱体同等的使用寿命水平。

试点工程的预制舱在构造和连接方面也进行了优化设计，主要包括以下 3 个方面内容：

（1）防雨水构造优化设计。散排水方案舱顶下的平面让雨水能够顺着流动到舱顶和舱壁的交界处，时间长了易引起舱体的锈蚀。针对这一问题，在舱顶下沿增加一圈凸台设计，形成一道滴水线，顺着舱顶下平面流动的雨水流到槽口处即跌落，无法继续前进，如图 3.1－6 所示。

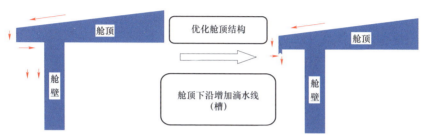

图 3.1－6　普通散排水方案与优化舱顶排水结构比对

（2）舱体的密封构造措施优化。预制舱的密封包括防尘与防水 2 个部分。IP54 的要求是指在不同方向溅水的环境下，舱内保持干燥；在扬尘环境中，舱内仅有少量灰尘进入。舱体的防尘薄弱点主要在门的缝隙、风机通风口、空调安装位置等部位。IP54 为电工、电子产品的防尘防水等级，其中防尘为 5 级，无法完全防止灰尘侵入，但侵入灰尘量不会影响产品正常运作；防水为 4 级，防止各方向飞溅的水入侵。

对门缝的密封，主要依靠密封结构；对舱门，可采用双重或多重密封条结构；对密封圈截面形状进行优化，用两条密封条形成三重密封效果，提升舱门的密封性能，如图 3.1－7 所示。

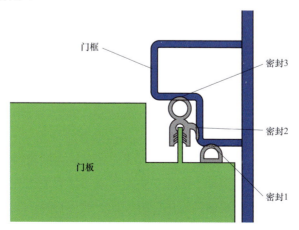

图 3.1－7　门缝三重密封局部放大效果

### 3.1.3　设备辅控及照明系统

舱式变电站统一舱内照明、暖通、辅控等系统所有电气接口位置，形成标准化方案。实现辅助设施同标同配、通用互换，不同模块具有相对独立性，相同模块具有互换性。

通过设计优化，明确管线的走向与路径，减少交叉，优化插头等外露设施布置位置。统一照明系统、动力电源、辅控、火灾自动报警系统线路线缆敷设方式。线缆走线通道地板和顶棚采用槽盒敷设型式，墙面采用穿管暗敷型式。

（1）设备照明系统。预制舱式设备照明系统由正常照明系统及消防应急照明系统组成。正常照明网络电压为 380/220V，照明供电线路采用三相五线制。正常照明灯具采用舱内均匀布置，灯具采用节能型 LED 平板灯，保证舱式设备内部充足的照度，方便舱体内部的检修和试验。预制舱正常照明照度及功率密度要求见表 3.1－1。

表 3.1－1　　　　　　　　预制舱正常照明照度及功率密度要求

| 预制舱名称 | 参考平面及高度 | 照度标准值（lx） | 功率密度（W/m²） | |
| --- | --- | --- | --- | --- |
| | | | 现行值 | 目标值 |
| 35、10kV 预制舱 | 地面 | 200 | 7.0 | 6.0 |
| 二次设备预制舱 | 0.75m 水平面 | 500 | 16 | 16 |

消防应急照明系统采用集中控制型系统，预制舱检修走廊设置自带蓄电池的应急照明灯，满足全站停电的情况下能够自动启动，应急时间不小于 120min，保证检修走廊内的应急照明。在疏散照明出入口和通道内设置疏散照明指示标识，疏散指示标识的工作时间应满足 120min。

（2）智能辅助控制系统。变电站智能辅控系统以主设备、场区及预制舱为对象，结合运维检修业务流程，以数字化、智能化手段提升对设备状态的掌控能力、动力环境的监测能力、运维工作的替代能力。在一次设备在线监测、安全防范、动环监控、火灾报警、视频监控等业务方面部署各类物联传感装备，为物联边缘管理平台实现数据边缘计算、辅助信息全面感知、运维作业智能替代打下基础。

（3）照明辅控系统标准化设计。预制舱式设备对舱内照明辅控系统配置进行优化，各模块预制舱统一舱内照明、暖通、辅控系统等所有电气设备选型、电气接口位置，形成标准化方案。实现辅助设施同标同配、通用互换，不同模块具有相对独立性，相同模块具有互换性。照明辅控设备标准化布置如图 3.1－8 所示。

(a) 舱内照明辅控设备布置

(b) 舱内屏柜正面照明效果图

图 3.1－8　照明辅控设备标准化布置

对标准设备舱内照明系统、暖通系统、辅控系统相关辅助所涉及的 7 大子项、27 种辅助设施产品选型及供应进行市场调研，形成产品目录及清单，优选高质量产品供应商，保证辅助设施长期运行的可靠性及稳定性。设施标准化一览表见表 3.1－2。

表 3.1－2　　　　　　　　设 施 标 准 化 一 览 表

| 类型 | 子项 | 种类 | 备注 |
|---|---|---|---|
| 照明系统 | 照明灯具 | 3 | 接线、选型、布局、安装型式统一 |
| | 配电产品 | 5 | |
| 暖通系统 | 空调风机 | 2 | 外观、选型、安装型式统一 |
| 辅控系统 | 火灾报警 | 4 | 外观、选型、安装型式统一 |
| | 动环监控 | 7 | |
| | 门禁控制 | 4 | |
| | 智能巡视 | 2 | |

预制舱式设备在设计阶段优化管线布置，明确管线的走向与路径，减少交叉，优化插头等外露设施布置位置。统一照明系统、动力电源、辅控、火灾自动报警系统线路线缆型号、截面及敷设方式。线缆走线通道地板和顶棚采用槽盒敷设型式，按光缆、控制电缆、动力电缆分槽盒布置，并与二次线缆通道分开设置。墙面采用穿管暗敷型式，走线横平竖直，整齐美观，方便检修，满足相关规范的要求，并形成舱体内部六个平面的照明、动力、智能辅助系统的开孔位置及线缆通道的标准化布置图。

### 3.1.4 通风空调系统

#### 3.1.4.1 设备舱空调通风方案

作为电气设备运行的载体，设备预制舱需要为设备提供防护及良好的运行环境。变电站一二次舱式设备运行一般要求环境温度为 18～25℃，湿度不大于 75%。预制舱由于是为密闭腔体，高效的散热方式是预制舱内部环境控制的关键因素。一般来说，一次设备舱内部设备发热量较小，常规的在舱体两侧采用通风空调方案可满足使用要求。考虑到对于二次舱式设备内部电缆较多且热源密集，设备运行时发热量较大，因此对二次舱的通风空调优化方案是舱式变电站需解决的重点问题。

针对传统散热方案所存在热平衡差、制冷效率低的问题，舱式变电站采用在设备舱采用精准送风的解决方案，同时结合风机的散热模式。

精准送风空调系统采用上送风、下部回风方式，将空调冷风通过风管直接送至散热设备处，这样能够快速降温，充分利用冷风，提高空调工作效率。

空调通过风道组件将机柜顶部热通道内及侧方热气流，吸入后经过蒸发盘换热处理，降温后形成冷气流再次进入冷通道，如此循环。空调主机位于舱体端部，可以减少气流循环路径，提高工作效率。空调送风方式示意图如图 3.1－9 所示。

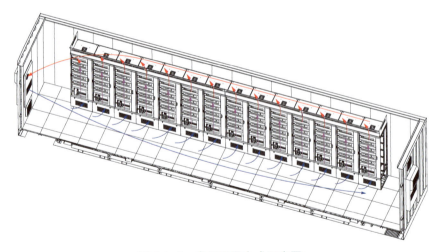

图 3.1－9 空调送风方式示意图

空调通过数据线连接到后台智能辅控系统。舱顶部风道内、过道上方均设置温/湿度传感器，及时将温/湿度信息传输至智能辅控系统，优化数据。智能辅控系统及时调整舱内温/湿度，保障舱内环境舒适、设备节能高效运行。同时可根据需要设置水浸传感器，烟感探测器等并将数据传送到综合应用服务器（智能辅助主机），当平台发现异常报警信息，可发出联动信号，启停空调、排风机等进行紧急处理，保证电气设备安全运行。

根据对精准送风方案与常规制冷方式的环境回风温度的数据模拟，专属风道制冷系统的中心回风温度约在 28℃，而常规制冷方式的中心回温约在 20℃。假设设备制冷效果一样，则可以推断采用专属风道制冷系统的回风温度提高了约 8℃。

### 3.1.4.2 舱式辅助用房空调通风方案

舱式变电站的辅助舱采用常规空调通风方案即可满足日常使用要求：

（1）警卫室、值班室、资料室等设置分体空调，通风空调系统需与消防报警联动，火灾发生时自动切断通风空调系统的电源。

（2）卫生间配备通风设施。

（3）安全工具间配备除湿机。

（4）冷媒管应采用闭泡绝热橡塑材料保温，保温层厚度不小于 40mm（室外）/ 25mm（室内）。

## 3.1.5 环境监控

运用"纵深、立体"布防理念，通过周界电子围栏系统、视频、可视对讲、智能传感等多重技术手段，从外围周界、主出入口，到内部通道、设备舱进行立体防控，结合平台的智能分析、联动，系统性构建纵深立体安全防范体系。

（1）基于激光探测的出入口安全防护。不可见激光的发射与接收技术，实时监测光束的遮挡情况，不受环境因素干扰，解决传统红外对射误报问题，可进行全天候探测布防。

（2）基于身份识别的出入口控制。利用人脸识别、图像识别和可视对讲等技术，在模块化变电站大门部署可视对讲，实现远程视频认证与电动门控制，辅助出入管理。带卡进出变电站时，可在门口机刷卡，权限认证成功后，操作门口机控制伸缩门开、关、停动作；未带卡进出模块化变电站时，可在门口机呼叫监控中心，通过视频身份验证通过后，远程释放开门指令实现进出。

（3）基于多合一传感技术的微气象监测。利用传感器技术和电子集成技术，将多种探测手段进行整合，安装多合一微气象传感器。通过测量温/湿度、大气压、风速、风向、光照、环境质量等信息，为舱式变电站管理工作提供参考依据。

（4）基于联动控制的密闭空间环境监控。针对二次设备舱、开关舱等密闭电气设备舱，利用物联网传感技术，通过温/湿度传感器实时监测舱内温/湿度信息，根据温/湿度阈值和预设联动规则，联动对应设备舱空调控制器，实现空调设备的自动控制、远程控制，达到设备舱温/湿度主动动态调节效果。

（5）基于图像融合技术的全景高清视频。按区域划分，优先选取对应区域的制高点，部署高清瞭望全景摄像机，基于视频拼接融合技术，实现站内全景视频融合，形成区域内全覆盖的全景实时视频源。基于区域全景视频，可有效解决常规摄像机 PTZ 控制不可避免的视角盲区，结合变电站常规视频监控点位的完善，进而提升基于视频监控的目标跟踪、基于图像识别的多点视频联动等深层次功能应用。

# 3.2　接 口 标 准 化

舱式变电站是将全站低压侧一次设备及全站二次设备集成于预制舱，并按电压等级、功能类型、安装方式等构建设备模块，各模块间可"自由组合"和"即插即用"，满足舱式变电站布置灵活、快速建造的总体需求。因此，舱式变电站建设过程中的一项重要工作，就是对设备模块的电气连接、基础安装、检修运维等主要接口进行功能规范，标准统一，消除差异性。

## 3.2.1　一次设备舱接口标准化

预制舱式一次设备是通过选择少维护、易于小型化的产品，布置于预制舱内，与舱体一体化集成，形成系列化预制舱式一次组合设备（如开关柜、电容器预制舱等）。

为解决舱式变电站紧凑型布置条件下，舱内一次设备对于安装空间、电气绝缘及防火距离等特殊要求，同时从避免各舱体差异化设计、合理控制投资等方面考虑，需开展舱内进出线、舱体外部连接以及检修运维等接口标准化研究。

### 3.2.1.1　进出线接口

一次设备预制舱之间、舱体与外部设备的进出线主要有绝缘铜管母线、母线桥（架空母排）、全电缆等连接方式，其主要特点及适用范围介绍如下。

（1）绝缘母线及母线桥连接。绝缘母线及架空母线桥连接方式主要适用于大容量主变压器的低压出线等回路电流较大场所。而对于全电缆敷设方式，由于大电流进线回路的电缆截面较大、根数较多，安装敷设不便且总体造价较高，因此一般不推荐采用。

对于母线桥安装方式，由于受带电距离的限制，无法实现柜底下进线。若采用常规上进线方式，则为满足电气距离要求，要进一步提升舱体净高，否则难以满足开关柜预制舱窄小空间内的安装条件；由于上进线方式，主变压器进线柜还需要额外引入"副柜"转接，造成了舱体局部尺寸额外突出，影响舱体整体美观性。母线桥安装——上进线方式如图 3.2-1 所示。

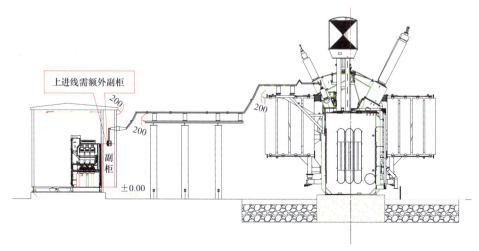

图 3.2-1 母线桥安装——上进线方式

考虑到绝缘铜管母线无带电距离的要求，且具有结构简单、布置灵活、安装运维方便等特点，可通过类似电缆出线的下进线方式进入主变压器开关柜，因此无需在传统上进线方式下，通过额外设置的"副柜"来进行转接。进、出线柜体可保持尺寸一致，使得舱体轮廓平整美观，也便于舱体的运输吊装。母线桥安装——下进线方式见图 3.2-2，铜管母线现场安装图见图 3.2-3。

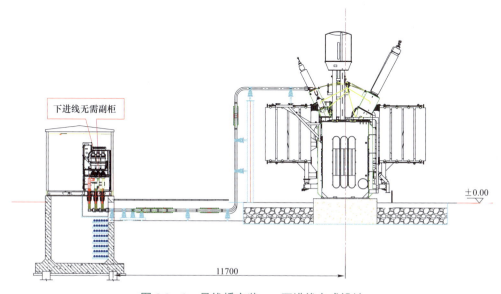

图 3.2-2 母线桥安装——下进线方式设计

（a）绝缘铜管母线主变压器低压侧安装

（b）绝缘铜管母线入沟安装

（c）绝缘铜管母线沟内敷设

（d）绝缘铜管母线舱底进线

图 3.2－3 铜管母线现场安装图

　　舱式变电站低压侧以变压器为单元进行模块划分。各开关柜预制舱模块，即分段开关柜之间，同样以"绝缘铜管母线＋下进线方式"进行柜间连接，铜管母线利用安装在隧道底板处倒装绝缘子固定支撑。分段开关柜间联系见图 3.2－4。

　　（2）电缆连接方式。其主要适用于回路通流较小场所，如电容器及开关柜设备预制舱出线、小容量（35～110kV）变压器低压侧出线等，其特点是回路容量较小，一般无需多根（三根以上）电缆并联安装。小容量变压器低压侧电缆连接出线见图 3.2－5。

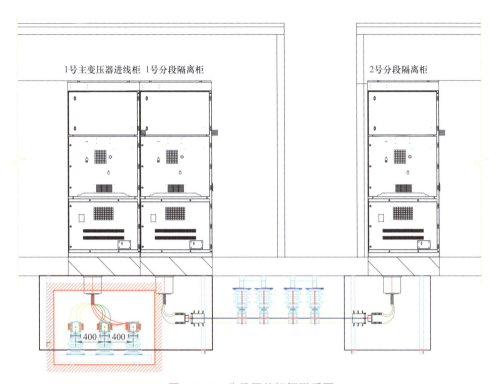

图 3.2－4　分段开关柜间联系图

图 3.2－5　小容量变压器低压侧电缆连接出线

电缆连接方式下，户外布置时一般无需考虑电气距离、结构碰撞等要求，具有施工安装方便、布置灵活等特点，可充分发挥预制舱式设备紧凑型、集成化的结构优势。

1）开关柜进出线。35～220kV 预制舱变电站，开关柜一般有 $SF_6$ 气体绝缘及纵旋式开关柜两种型式。柜体电缆连接方式如下：

a. $SF_6$ 气体绝缘开关柜。柜体连接推荐采用内锥、插接式电缆终端。开关柜厂内将插座部件预制完成，现场安装时，将高压电缆终端插入进气体绝缘开关柜气室内的专用插座内，即可完成安装，极大提升了安装便捷性。

b. 气体绝缘开关柜进线采用插拔式电缆终端见图 3.2-6，插接式电缆接口结构见图 3.2-7。另外，由于气体绝缘开关柜馈线柜柜体仅宽 500mm，考虑到柜体电缆室内在布置电流互感器、避雷器等设备后，柜体内电缆室剩余空间不足，将馈线电缆处的零序互感器布置于预制舱下架空平台内。零序电流互感器布置方式见图 3.2-8。

图 3.2-6　气体绝缘开关柜进线采用插拔式电缆终端

(a) 柜内插拔式电缆　　　　　　　(b) 外锥形式电缆插座

图 3.2－7　插接式电缆插接示意

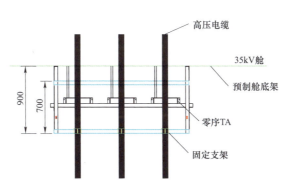

图 3.2－8　电缆线路外置零序电流互感器图

c. 纵旋式开关柜。柜体电气主回路采用纵向布置，主母线直至电缆终端自上而下顺次连接，结构紧凑，其馈线柜宽度尺寸仅为 650mm，较通用设备柜宽减少 150mm，为适应柜内紧凑型布置条件下的空气间隙要求，柜内一次元器件均纵向单列布置。馈线电缆需在柜体制作配套的垂直布置的三相电缆终端，并与上部的电流互感器连接。纵旋式馈线开关柜电缆终端设置见图 3.2－9。

**图 3.2－9　纵旋式馈线开关柜电缆终端设置**

从电缆的安装弯曲半径考虑，10kV 电缆所需弯曲半径值最大约 1.5m，而纵旋柜柜底采用隧道方式，净空为 3m，可满足施工安装时电缆弯曲半径要求。三芯电缆进入柜底安装前进行分相，并在制作电缆终端时各芯应保持垂直。分相电缆终端铜线鼻分别与开关柜三相纵向布置的母线采用螺栓连接。

2）电容器舱进出线。以 220kV 变电站为例，电容器预制舱等无功设备一般采用集中布置。预制舱底座设框架层内安装线槽敷设二次电缆，框架底部开设高压电缆孔，高压电缆预设孔洞引接至舱内隔离开关支架处固定安装。电容器预制舱高压电缆布置见图 3.2－10。

### 3.2.1.2　开关柜间联系接口

充气式开关柜是在柜体内设置母线隔室，各柜体母线隔室间通过预设套管及专用插拔式母线连接器连接。母线隔室更换时，将对应柜体抽出即可，无需移动两侧开关柜，具有灵活方便、无需复杂气体处理等优势。充气柜母线电气连接见图 3.2－11。

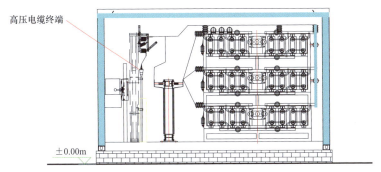

高压电缆终端

±0.00m

(a)　预制舱内高压电缆安装

高压电缆出口

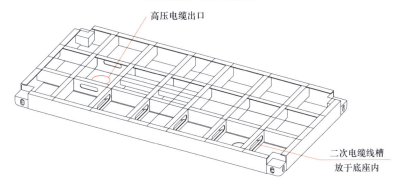

二次电缆线槽
放于底座内

(b)　预制舱底架电缆出线孔

图 3.2−10　电容器预制舱高压电缆布置图

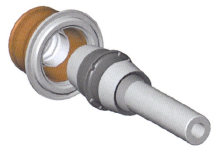

(a)　充气柜母线气室　　　　　　　　(b)　插拔式母线连接

图 3.2−11　充气柜母线电气连接

　　纵旋式开关柜柜间连接与常规方式一致，同样是利用柜间处预设的母线套管及
分支母线，将柜间三相母排安装固定。纵旋柜柜间母线电气连接见图 3.2−12。

(a) 纵旋式开关柜柜间接口　　　　(b) 柜间预设母线套管详图

图 3.2-12　纵旋柜柜间母线电气连接

### 3.2.1.3　运维检修接口

为保证设备预制舱运维工作的正常进行，需要考虑合理的检修工作内外部接口，包括舱内检修工器具设置，检修通道设置、设备运维及拆装措施等，以便运维人员进行维护和调试工作。

检修舱设置要求：为方便运维人员进行检修和维护工作，预制舱端部可设置专用检修舱，舱内设置适当的工器具支架、工具箱或工作台等设施，使运维人员可以方便地存放和使用所需的工器具。

检修通道设置要求：预制舱内应设计合理的检修通道，根据舱内设备的重量和尺寸，确定搬运工具和搬运方式，确保合理的通道的宽度和高度，以满足人员和设备的通过要求。

（1）纵旋式开关柜。纵旋式开关柜为全金属封闭结构，通过金属隔板和活门将柜体自上而下分隔为仪表室、母线室、断路器室和电缆室。柜中一次元器件纵向单列布置，各舱室前后贯通。纵旋柜舱可在柜前即可对主设备进行运维，柜后无需设置通道，适合靠墙安装。

舱内布置有专用手车（如检修手车、设备助力手车），在预制舱旁边还设置一面检修舱。柜内大型部件（如断路器、电流互感器等）舱内布置有接地小车、验电小车、检修小车等，可利用专用手车，拿出后移至检修舱内进行。

对于柜体下后方的电缆室，通过打开柜前下门或通过舱体底部的电缆隧道上人进行，完成开关柜的检修。柜后贴近舱体内侧布置，无需再额外留有巡检通道，实现舱内空间利用的最大化。开关柜柜顶至舱内吊顶距离不小于 800mm，满足运维要求。

纵旋柜预制舱柜前运维通道如图 3.2－13 所示，纵旋柜预制舱检修通道及检修舱如图 3.2－14 所示，机械臂助力小车如图 3.2－15 所示，隧道上人电缆安装检修示意图如图 3.2－16 所示。

图 3.2－13　纵旋柜预制舱柜前运维通道

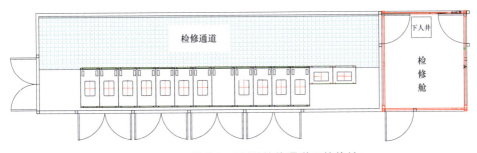

图 3.2－14　纵旋柜预制舱检修通道及检修舱

图 3.2-15　机械臂助力小车

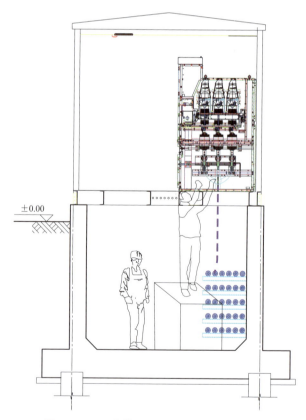

±0.00

图 3.2-16　隧道上人电缆安装检修示意图

（2）充气式开关柜。采用气体绝缘开关柜等免维护设备开关柜设备，柜体可靠于舱壁布置，气体绝缘开关柜柜前留有 1600mm 宽的操作通道，每面开关柜均柜前/柜后预留检修大门。满足运维要求。充气式开关柜预制舱运维通道设置见图 3.2－17。

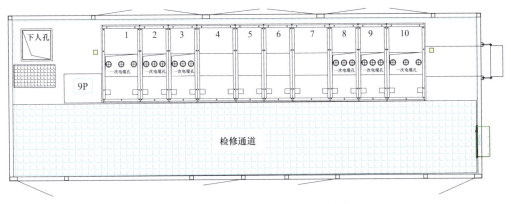

图 3.2－17　充气式开关柜预制舱运维通道设置图

（3）对于架空平台出线布置，舱外架空平台处周边运维空间设置如下：

1）两侧通道：考虑到预制舱侧边一般布置有一体化空调，故运维通道按 1.0m 布置，1.0m（运维检修通道）＝0.7m（检修通道）＋0.2m（空调外机突出部分）＋0.1m（防护围栏）。

2）前方通道：舱外预留 1.8m 运维通道，可方便将开关柜移出舱外检修，实现整面柜体更换。

## 3.2.2　机架式预制舱式二次组合设备标准化接口

目前国家电网有限公司系统内使用机架式预制舱二次组合设备的舱式变电站，存在设备接口不统一、接线工作量大、运维调试空间逼仄等问题，安装调试及运维检修过程中，需要工作人员精神高度集中，体力消耗相对较大，容易出差错。

针对上述问题，从统一设备接口、优化接线操作提升舒适度等方面进行集成优化。

### 3.2.2.1　"插拔替换"式标准保护接口

保护装置安装在保护柜内，保护装置和柜体内附的端子排之间采用把线连接，不同设备厂家由于其保护装置背板不同，其把线也均有不同。在进行保护退出实验或者保护更换时，需要将端子排接线全部拆除，操作复杂、通用性不高、工作量大；由于保护装置的重要性，错接、漏接、虚接线缆后果严重，在实际操作中，工作人员需反复仔细核对接线，精神压力较大。

针对保护设备，创新设计同类可替换插拔接口，突破实现检修运维时同类保护设备退出/投入的"插拔替换",便于设备更新换代,缩减改扩建或检修停电时间,减少操作失误,提升运检工作便利性及高效性。

通过对不同二次厂家的同类保护设备电接口定义进行汇总整合,统一保护设备背板接口定义,采用24芯标准航空插头/插座;保护设备背板与航空插座之间、航空插头与端子排之间通过软线相连,通过插头/插座的直接插拔实现保护设备与端子排之间的连接及断开,光口、网口仍通过装置背板直接插拔。

同时,还可以进一步统一规定保护用航插接口的具体芯数及其定义,以220kV线路保护装置用航空插头定义为例,如表3.2-1所示。

表 3.2-1　　　　　　220kV 线路保护装置航空插头定义一览表

| 24 芯航插端口编号 | 装置背板定义 |
| --- | --- |
| 01 | 遥信输出公共端 1 |
| 02 | 遥信输出公共端 2 |
| 03 | 装置闭锁 |
| 04 | 装置报警 |
| 05 | 遥信输出 1 |
| 06 | 遥信输出 2 |
| 07 | 遥信输出 3 |
| 08 | — |
| 09 | 光耦正电源 |
| 10 | 光耦正电源 |
| 11 | 打印 |
| 12 | 复归 |
| 13 | 检修状态投入 |
| 14 | 远方操作投入 |
| 15 | 备用开入 1 |
| 16 | 备用开入 2 |
| 17 | 光耦负电源 |
| 18 | 光耦负电源 |
| 19 | — |
| 20 | SYN+ |
| 21 | SYN- |
| 22 | SYN 地 |
| 23 | SYN 屏蔽层 |
| 24 | — |

同样定义的保护航插还有 110kV 保护装置（不含测控）、110kV 保护装置（含测控）所使用的形式。

### 3.2.2.2 缆线连接

传统预制舱端子排接线使用端子螺栓紧固方式，操作相对复杂，工艺水平难以统一，对安装接线人员实操水平要求较高，尤其是在预制舱内操作空间有限的情况下，该问题尤为突出。另外，常规普通免熔接光配密度较小，占用空间大，接口屏内接线操作空间有限，缆线互相干扰，工作难度大。

为解决上述问题，机架检修区可选用直插式端子，设备与机架之间、不同机架设备之间采用常规线缆直插式接线，工作简单，提升安装接线效率，提高工艺水平一致性，为后续的运维检修工作提供便利。设备之间光纤/网络联系采用常规方式（尾缆、尾纤、跳线、网线）进行直插式接线。

二次预制舱内设置对外接线接口机架，机架采用常规机架方案，布置在预制舱的靠近两端的位置，用来承载免熔接光配及航空插座，统一对外二次线缆接口。接口机架对预制舱内接线采用尾纤、尾缆、单端预制电缆、普通电缆结合的方式。接口机架对预制舱外接线采用预制光缆、预制电缆及常规电缆结合的方式。

在满足信号传输稳定性、可靠性的前提下，舱体对外接线（至其他一二次设备舱、GIS、主变压器、电容器等场区一次设备）均采用预制光电缆（除电源电缆、电压电缆、电流电缆及消防等关键电缆仍采用常规电缆外），采用预制线缆可统一标准，实现线缆快速插接，减少现场工作量。

舱内常规电缆至每组机架采用免栓接直插式端子进行连接，在保证线缆连接可靠的前提下，可以方便快捷的进行安装及接线，为后续的运维检修工作提供便利。图 3.2－18 所示为实际舱式变电站中机架内使用的直插式接线端子排，左端子排上橘黄色的点为每个具体端子的压紧机构，进行电缆芯的接线或卸载时，下压该橘色触点即可开放该端子的压紧机构，完成接线或卸载后；松开该橘色触点该端子的压紧机构即可自动复归，接线工作简单，工艺水平一致性有明显保障。

二次设备舱内均设置有集中接线机架，免熔接光配、航插接口等接口设备均集中布

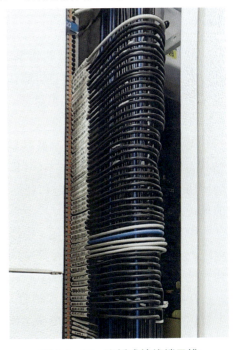

**图 3.2－18　直插式接线端子排**

置舱内的 1～2 面集中接线机架内部。

集中接线机架内免熔接光配选用高密度型号如图 3.2－19 所示，垂直高度 5U 空间内共可安装 10 组 24 芯免熔接光配接口，相较传统的 1 个 24 芯免熔接光配需要占用 1U 空间，试点站方案可明显节省空间，为后续运维检修过程中的操作提供了便利性。

图 3.2－19　高密度免熔接光配

舱内设备之间、设备与免熔接光配之间采用尾缆进行连接，舱内设备之间电缆采用常规电缆接线。舱内线缆由设备生产厂家在厂内完成敷设安装及接线。

## 3.2.3　土建接口

舱式变电站取消了常规的建筑物，土建与电气设备舱之间仅通过管线通道连通，大大减少了土建的工程量。舱体和管线通道、舱体和基础、舱体与舱体之间通过采用标准化的连接方式，可进一步提高变电站建设质量和建站效率。

### 3.2.3.1　舱体与管线通道接口

考虑电缆运维检修，预制舱基础形式主要为框架结构架空平台（钢或混凝土）、箱式基础和独立基础＋电缆沟。其中，箱式基础一般适用于地基承载力特征值 $f_{ak} \geq 100kPa$ 的场地，架空平台和独立基础一般适用于地基承载力特征值 $f_{ak} \geq 150kPa$ 的场地。

舱式变电站电容器预制舱、接地变压器预制舱和生产辅助舱等舱底进出线一次电缆数量较少，不设置电缆检修空间。此类预制舱基础通常采用钢筋混凝土框架结构和柱下独立基础。

10kV 和 35kV 一次设备预制舱、部分二次设备舱进出线电缆数量较多，需考虑电缆运维检修，舱底需设置电缆运维检修空间。

（1）框架结构架空平台。框架结构架空平台下采用电缆桥架＋电缆沟方式，用于一次、二次电缆敷设。

目前，架空平台的高度无规范明确规定。考虑架空平台底部主要功能为电缆展放及检修空间，空间功能与电缆半层的功能相似，架空平台垂直净距参考《电力工程电缆设计标准》（GB 50217—2018）中电缆夹层敷设规定，电缆夹层的净高不宜小于 2m。架空平台布置如图 3.2-20 所示。

图 3.2-20　架空平台布置

钢框架平台方案统筹布置一次电缆、二次槽盒、检修通道、行人通道、泄压通道等，舱体下部电缆施放更加便利，进一步提升现场装配率。架空平台的接口如图 3.2-21 所示。

图 3.2-21　开关柜出线接口（架空平台）

（2）箱式基础。10kV 和 35kV 一次设备预制舱、部分二次设备舱进出线电缆数量较多，需考虑电缆运维检修，舱底需设置电缆运维检修空间。本方案通过基础和侧墙形成电缆半层（或者隧道）。

1）一次设备舱做法：基础上空间需求较大，净空高度较高，方便高压电缆的敷设及运维。

a. 以隧道为例。若主变压器与一次舱开关柜之间采用绝缘铜管母线，即下进线连接，为满足安装要求，需要在隧道上部占用约 1250mm 空间；为适应舱内布置条件下的开关柜电缆出线（以远期 48 根 10kV 电缆为例），电缆支架长度按 1000mm，经计算供需 8 层支架，电缆支架所需空间为 2050mm，隧道内两部分合计高度为 3300mm。

为满足隧道内上人时，在柜底部对于电缆或终端的安装运维需要，隧道内净宽尺寸按 2000mm。

隧道（半层）布置照明、智辅、消防报警及通风设施；隧道设置检修人孔和机具孔；隧道内设置悬挂式超细干粉灭火装置；隧道底设置排水坡度和排水管道，满足排水要求。电缆隧道及接口尺寸如图 3.2－22 所示。

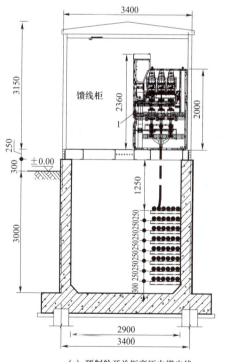

（a）预制舱开关柜高压电缆出线

（b）电缆隧道实景图

**图 3.2－22　开关柜出线接口（电缆隧道）（一）**

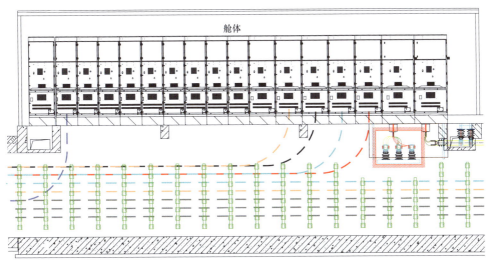

(c)开关柜高压电缆及支架布置

图 3.2－22 开关柜出线接口（电缆隧道）（二）

b. 电缆半层。一次舱采用电缆半层方式，是将高压电缆直埋敷设舱体下方电缆半层处，具有母线桥架构简明、布置清晰，电缆布置灵活等优点，并在预制舱内设置下人孔洞，提升安装运维便捷性。

2）二次舱做法。预制舱体底部采用箱式基础，整体设为电缆通道，配置照明及烟感探头。电缆由柜底通至电缆半层内电缆支架，二次线缆走线通道为舱内柜前防静电地板下走线，舱体底部设置一个出口与箱型基础相连。

基础采用箱式基础，侧壁预留进出线孔。基础侧壁高出地面 300～600mm，基础底板顶面降至－1.600m 平面，在整个预制舱底部的内部形成总体高度约 1.9m 的运维检修空间，同时在基础外侧设置人井结构及爬梯，满足日常运维检修需求，如图 3.2－23 所示。

图 3.2－23 二次舱箱式基础兼做电缆半层

可根据需要在基础四周设立百叶窗和排风措施，保证电缆通道通风要求。基础内雨水就近排入周边雨水井。

（3）独立基础＋电缆沟。基础采用独立基础钢筋混凝土框架（矩形柱＋基础圈梁）形式。这种方式常用于国家电网有限公司系统常规预制舱式二次组合设备。

　　圈梁式基础一般圈梁的顶部高出地面 150～200mm，圈梁底部整体封闭，基础底面距离预制舱底部一般不超过 800mm，在预制舱吊装完成后圈梁内部形成一个高 800mm 的检修空间，如需对舱体底部进行检修或者敷设线缆，需要运维检修人员经由预制舱底部的人井口进入该空间进行具体操作，该空间极其狭小，人员只能仰卧或匍匐操作；人井口结构占用预制舱底部电缆夹层空间的同时，还会占用预制舱底部线缆出线空间，如图 3.2－24 所示。

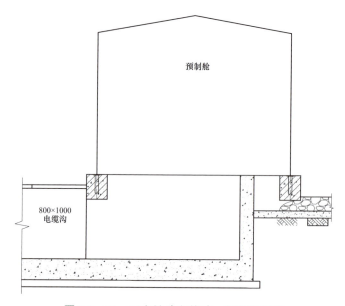

图 3.2－24　二次舱独立基础＋电缆沟方案

　　立柱式基础一般基础顶部高出地面 150～300mm，除立柱部分外，预制舱底部其他部位悬空，二次电缆沟一般布置在预制舱线缆出口正下方。采用立柱式基础外观感观效果不如圈梁式基础美观，同时由于二次电缆沟需要穿过预制舱下方，其线缆敷设空间狭小。另外，立柱式基础还有可能和二次电缆沟位置发生干涉。

　　（4）基础方案技术分析见表 3.2－2。

表 3.2－2　　　　　　　　预制舱基础方案技术分析

| 序号 | 预制舱基础形式 | 优点 | 缺点 |
|---|---|---|---|
| 1 | 框架结构架空平台 | （1）基础形式简单，土方开挖量和钢筋混凝土工程量最小。<br>（2）架空平台下空间较大，电缆走线方便。<br>（3）架空平台板下净空高度不小于 2.0m，通风顺畅，运维检修舒适 | （1）设备舱周边需设置检修通道，占地面积相对较大。<br>（2）钢框架结构架空平台，钢结构外露，防火性能差，耐腐蚀性差，运维检修烦琐 |

续表

| 序号 | 预制舱基础形式 | 优点 | 缺点 |
|---|---|---|---|
| 2 | 箱式基础 | （1）箱型基础做到电缆沟及设备基础一体化，基础净空高度为2.00m，方便安装检修。<br>（2）基础下空间较大，方便电缆走线。<br>（3）基础形式对于地基承载力要求相比独立基础低，地基适应性好。<br>（4）基础整体防水性能优异 | （1）土方开挖量和钢筋混凝土工程量较大。<br>（2）检修需由预制舱内检修口下基础内部检修。<br>（3）基础底部相对地面标高低，场地排水受限的情况需要增加排水设施 |
| 3 | 独立基础+电缆沟 | （1）检修通过外部电缆沟进入设备预制舱底部检修。<br>（2）土方开挖量和钢筋量较小 | （1）室外电缆沟盖板存在渗水点，雨天防水性能较差。<br>（2）基础和舱内外电缆沟需分步实施，施工工序复杂。<br>（3）运维检修空间较小 |

#### 3.2.3.2 舱体与基础连接方式

（1）常规变电站基础连接方式。常规变电站预制舱与基础连接通常有焊接、预埋地脚螺栓、膨胀螺栓三种连接方式。

1）焊接：基础浇筑时，顶面预埋好钢板，待上部结构吊装就位后，与上部结构钢柱底板采用现场焊接进行固定。此做法吊装就位容易，施工简单方便，但焊接完成后，需要对焊接及损伤部位进行镀锌防腐处理。焊接柱脚大样如图 3.2−25 所示。

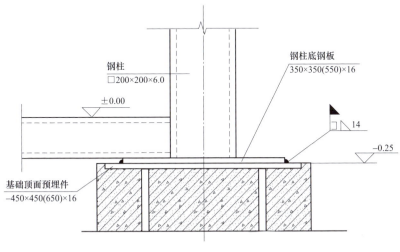

**图 3.2−25 焊接柱脚大样**

2）预埋地脚螺栓连接：基础浇筑时，顶面预埋好钢板及螺栓，待上部结构吊装就位后，与上部结构钢柱底板采用螺栓连接进行固定。此做法受预埋的螺栓精度和上部箱体结构四点吊装时变形（规范允许范围内）的因素影响，吊装就位困难。如果操作不当，预埋螺栓的露出段还有可能会被偏斜或压弯。预埋地脚螺栓连接柱脚大样如图 3.2 - 26 所示。

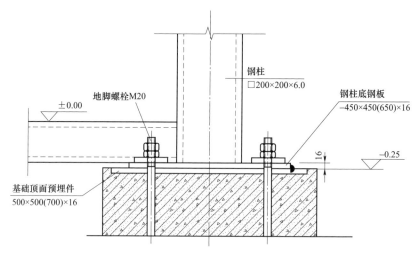

图 3.2 - 26　预埋地脚螺栓连接柱脚大样

3）膨胀螺栓连接：基础顶面预埋的钢板需留有安装螺栓的孔洞，待上部结构吊装就位后，与上部结构钢柱底板采用打膨胀螺栓连接进行固定。此做法吊装就位容易，但现场需采用冲击钻在基础上引孔方便膨胀螺栓进入，螺栓容易偏斜，最后还需用板材或 C15 素混凝土包裹进行保护及美观处理。膨胀螺栓缺点比较明显，在承受较大的地震震动荷载时，可能会发生松脱现象。膨胀螺栓连接柱脚大样如图 3.2 - 27 所示。

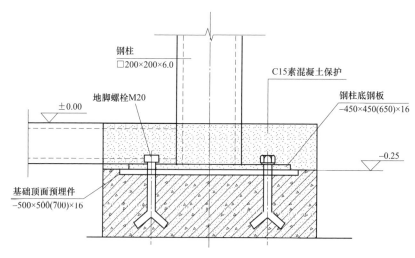

图 3.2 - 27　膨胀螺栓连接柱脚大样

综上所述，焊接方式施工简单方便、操作性强、可靠性高，因此常规预制舱与基础连接一般采用焊接方式。

（2）预制舱式变电站基础连接改进方式。可调节螺栓安装：设备舱底框预留螺栓椭圆长孔，与基础之间通过可调节螺栓（埋件＋螺栓限位盒）进行连接，提高机械化安装效率，避免现场焊接和防腐作业。由于底框和预埋件的椭圆孔方向垂直，在一定程度上可以消除预埋件和舱底开口带来的误差，大大提高安装准确性。基础连接大样和可调节螺栓连接大样分别如图 3.2－28、图 3.2－29 所示。

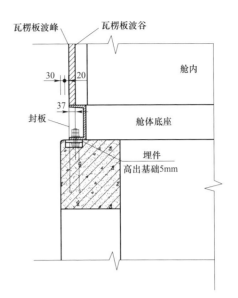

图 3.2－28　基础连接大样

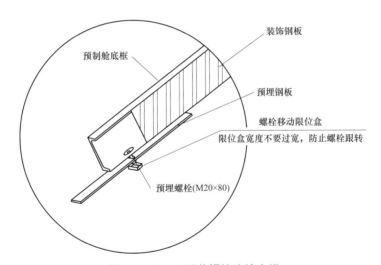

图 3.2－29　可调节螺栓连接大样

预制舱底框为采用槽钢（开口向外），外侧封不小于 2.0mm 钢板装饰。装饰板上预留螺栓安装孔；固定螺栓为 M20×80（8.8 级普通螺栓），配双螺母一平垫、一斜垫、一弹垫、固定螺母；预埋钢板需要和螺栓移动限位盒焊接固定到一起，限位盒内为封闭空间，不能填充水泥等杂物，而导致影响螺栓移动。舱体底座安装口采用可拆卸式结构，安装完成后，需保证底座外表面平齐。安装口可拆卸结构如图 3.2－30 所示。

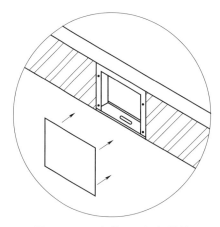

图 3.2－30　安装口可拆卸结构

### 3.2.3.3　舱体与舱体连接

预制舱变电站采用单舱设计时，不会在拼舱缝隙部位产生防水、保温、防火薄弱区，现场仅需进行舱体与基础安装连接，安装效率大大提高。对于多舱体连接时，可采取以下措施：

（1）屋面：舱体拼接处采取"设置防水翻边＋加装硅橡胶密封胶条＋阻燃泡料＋防水扣板的模式"，确保拼接位置的密封和防水。舱体拼接处采用"机械结构＋密封材料"的双保险处理，实现防水密封的双重保证。

拼接就位前接缝处粘贴密封条，拼接压紧后拼合处缝隙填充耐候性强力防水胶，打胶后采用特殊密封条将拼接结构裹紧，然后安装防水扣板，最后在缝隙处填充发泡料，完全填充扣板内部空间，实现密封防水，确保壳体拼接处防护等级不低于 IP54。舱体拼接处结构如图 3.2－31 所示。

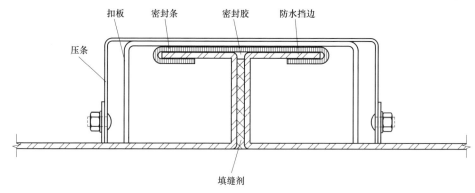

图 3.2－31　舱体拼接处结构示意图

（2）墙面：由于拼缝处采用双墙结构，密封性较强，对于舱体和舱体之间的变形缝，采用耐候胶进行装饰性密封即可。

（3）外墙与屋面连接：对于设备舱来说，其屋面和墙板整体受力，一般在工厂采用整体焊接结构；对于辅助舱来说，由于距离较近，还可以采用现场螺栓安装的方案。

# 4

# 舱式变电站施工

舱式变电站采用舱式一体化设备，工厂集成，改变了现场安装模式，与常规变电站相比，机械化施工方面存在较大差异，本章从基础、构筑物、设备、调试、验收、加工与运输等方面分别介绍舱式变电站的机械化施工技术。

## 4.1 基 础 施 工

舱式变电站因建设工期的要求，可采用快速基础，本节主要介绍螺旋锚基础和预制基础等快速基础，以及静压桩基础与现浇基础等常规基础，预制舱设备有时还会采取钢平台的安装方式。

### 4.1.1 快速建设的基础方式

#### 4.1.1.1 螺旋锚基础施工

螺旋锚基础是指由钢筋混凝土承台或钢结构连接装置与螺旋锚连接组成的基础。

（1）适用范围。螺旋锚基础可适用于粉土、流塑—硬塑状态的黏性土、松散—中密状态的砂土和碎石土，以及黄土、软土等特殊土层，且最大粒径不宜大于 50mm，可适用于场地土、水对钢结构腐蚀等级为微、弱、中腐蚀的土壤环境，强腐蚀环境经论证后方可采用。坚硬的黏性土及密实的砂土、碎石土层应用时应经原位工艺验证，并宜通过试验确定设计与施工工艺参数。在线路工程中，螺旋锚基础应用已相对成熟，在采用舱式变电站的临时应急工程中推荐应用。

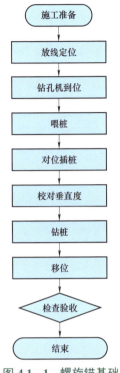

施工准备

放线定位

钻孔机到位

喂桩

对位插桩

校对垂直度

钻桩

移位

检查验收

结束

图 4.1－1　螺旋锚基础
施工流程图

（2）施工流程如图 4.1－1 所示。

（3）工艺特点。舱体螺旋锚基础承台通常为钢平台，钢管桩与钢平台模块通过螺栓连接。工艺特点主要有：一是精度要求高，相较于常规变电站的独立基础，对定位轴线、尺寸等工作必须加强精度控制，防止钢平台与螺旋桩预留孔错位；二是节约工期，螺旋锚基础技术替代了传统基础的基坑开挖、钢筋绑扎、混凝土浇筑及养护环节，有效地控制了地表扰动，极大地缩短了施工周期；三是低碳环保，螺旋锚基础施工机械化施工程度高、免开挖，拆卸方便、转移便捷、低碳环保。

（4）关键质量控制点。

1）螺旋桩打孔机就位时，保持平稳，不发生倾斜、位移，保持钻杆垂直，在钻杆上标注设计桩深刻度线，以便控制钻孔深度在设计桩深以下。

2）螺旋桩打桩机本身具有水泡调平装置，在移位结束后，操作人员必须将钻桩机横向、竖向水泡调平。

3）在打桩过程中，需要注意以下四点：

a. 螺旋桩匀速打进泥土约 10～30cm 后，使用水平尺调整螺旋桩的垂直度。当桩打入泥 1m 后，不宜做较大的调整。

b. 打桩过程中，若出现桩体倾斜，应放慢速度，保持旋转并调整，桩机不允许停止旋转，作前、后、左、右的动作。

c. 利用已系好的工程白线，使每行、每列的桩保持在同一水平面，如图 4.1－2 所示。

图 4.1－2　螺旋锚基础工程

d. 桩身与工程白线不可有接触，相距在 5mm 以内。

4）施工记录：钻桩时做好原始记录，若发生意外情况（如桩位下深处有障碍物、桩钻到承载力后钻不下去等），应及时通知建设单位，并会同设计单位研究采取有效措施。

5）工艺标准（见表 4.1-1）：

a. 单方阵内螺旋桩基础精度要求水平轴线，偏差（0，±10）mm；

b. 桩顶标高，外露高度 10cm，偏差控制在（0，±10）mm，方阵内前后排标高各自保证在同一条线上。

表 4.1-1　　　　　　　　　螺旋锚基础施工工艺标准

| 项目名称 | 允许偏差（mm） | | 检验方法 |
|---|---|---|---|
| 桩位轴线 | 0，±10 | | 按柱基数 10%抽查，且不应少于 3 个。经纬仪、全站仪、钢尺实测 |
| 桩顶标高 | 0，±5（两端桩连线） | | 按柱基数 10%抽查，且不应少于 3 个。经纬仪、全站仪、钢尺实测 |
| 螺旋桩露桩高度 | 无偏差 | | 按柱基数 10%抽查，且不应少于 3 个。经纬仪、全站仪、钢尺实测 |
| 桩口变形 | 允许轻微变形，桩壁内陷≤2 | | 全数检查，钢尺实测，目测 |
| 垂直度 | 每米 | ≤5 | 按柱基数 10%抽查，且不应少于 3 个。水平尺和钢尺实测 |
| | 全高 | ≤10 | 按柱基数 10%抽查，且不应少于 3 个。水平尺和钢尺实测 |

（5）机械装备。螺旋锚施工主要机械为螺旋锚钻机，相关机械装备包括液压安装设备、单螺旋叶片冷轧设备、动力安装设备和静力荷载试验设备等。

#### 4.1.1.2 预制基础施工

预制基础是一种在工厂环境中制造完成的基础设施，通常采用混凝土根据设计要求预先制作，然后运输到施工现场进行安装。

（1）适用范围。本书所述预制基础使用范围仅限于试点站预制舱厂房及设备基础，其他变电站建（构）筑物可参照使用。

（2）施工流程如图 4.1-3 所示。

（3）工艺特点。

1）基础安装精度要求方面：预制舱底座由预制基础、短柱与基础梁构成，基础的轴线与平整度偏差直接决定预制舱能否平稳就位，也是施工中的难点。预制基础是成品吊装直接坐落在垫层上，混凝土垫层平整度不够，易使基础顶部偏离轴线；相邻垫层存在高度偏差，致使基础梁出现水平高差，根据规程规范，基础安装标高

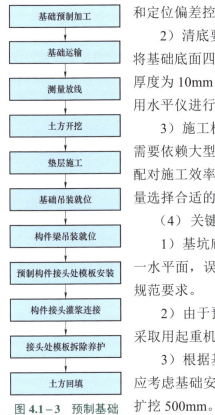

图 4.1－3　预制基础
施工流程图

和定位偏差控制在 3mm 以内。

2）清底要求方面：现场基础就位前，清理基础底面杂物，将基础底面四周的突出部分清除，在基础垫层上表面均匀铺上厚度为 10mm 的细沙，避免基础底面与垫层的硬接触，同时采用水平仪进行测试调整，保证底面的平整。

3）施工机械要求方面：预制基础体积较大且重量较重，需要依赖大型起重机械进行搬运和安装。正确的机械选择和调配对施工效率和安全至关重要，需要根据基础元件的尺寸和重量选择合适的吊装设备。

（4）关键质量控制点。

1）基坑底板、底梁槽必须抄平，保证底梁、底板处于同一水平面，误差不得超过 3mm，确保基础立柱顶面高差满足规范要求。

2）由于预制基础重量大，为确保吊装施工安全、质量，采取用起重机起吊，分段安装的方法。

3）根据基础施工图纸给定的尺寸，进行分坑。基坑分坑应考虑基础安装所需的工作面，安装工作面从底板边沿往四周扩挖 500mm。

（5）机械装备。就位过程中采用两线十字交叉定位法进行定位，即基础中心线和底角边线对应法，保证基础中心线对齐，施工顺序先基础再到梁，现场采用 25t 汽车起重机吊装就位，预制基础施工如图 4.1－4 所示。

图 4.1－4　预制基础施工

## 4.1.2   常规基础施工

### 4.1.2.1   静压桩基础

静压桩法施工是通过静力压桩机的压桩机构以压桩机自重和机架上的配重提供反力而将预制桩压入土中的沉桩工艺。

（1）适用范围。从地质上来说，一般适用于人工素填土、淤泥质土、黏性土、粉土等软土地基；不宜穿越碎石层、卵石层、冻土、膨胀土等，也不宜以碎石、卵石及风化岩石做持力层。适合市区内、居民区、学校、医院附近等对环境噪声要求高的变电站工程。

（2）施工流程如图 4.1-5 所示。

（3）工艺特点：

1）精度控制高，静压桩施工可以通过控制压桩机施加的压力大小和压桩速度，实现更高精度的施工控制。

2）无振动噪声污染，静压桩施工时，由于采用了静力压制的方式，与传统锤击打桩相比，几乎没有振动和噪声产生。

3）保护桩身完整，在传统的锤击桩施工过程中，桩体可能会因为冲击力过大而产生裂纹或损伤。静压桩则因其稳定的施压方式，能够有效避免这类问题，保护桩身不被破坏。

4）经济效益显著，相对于其他类型的桩基础施工方法，静压桩在很多情况下能够因为其高效、快速及低损坏率，而具有明显的经济效益。特别是在处理复杂地质条件或需要快速施工完成的项目中。

（4）关键质量控制点。

1）管桩质量，对管桩进行外观检查，尺寸偏差和抗裂性检验。施工现场着重检查混凝土抗压强度能否达到设计要求。管桩有否明显的纵向、环向裂缝、端部平面是否倾斜、外径壁厚、桩身弯曲是否符合规范要求。混凝土强度是否达到要求，产品质保书、合格证、检测报告是否符合要求和齐全。不合格产品不得用于工程。

2）压桩机传感设备是否完好，桩机配重与设计承载力是否相适应。

3）现场预应力管桩堆放整齐，布局合理。打桩顺序应根据邻近建筑物情况、

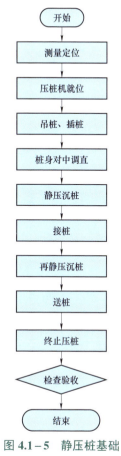

**图 4.1-5   静压桩基础施工流程图**

开始

测量定位

压桩机就位

吊桩、插桩

桩身对中调直

静压沉桩

接桩

再静压沉桩

送桩

终止压桩

检查验收

结束

地质条件、桩距大小、桩的密集程度、桩的规格及入土深度综合考虑，兼顾施工方便。

4）桩部端焊接：桩部端焊接很重要，要检查焊条质量，设备适用完好率。焊完后必须保证一定暂停时间，间歇时间超过 3min 为好。

5）垂直度：通常用两台经纬仪、夹角 90°方向进行监测。须注意第一节桩桩尖导向必须垂直；地基表面有坚硬石块必须清除，使桩身达到垂直度要求。

6）压桩过程：压桩过程碰到硬土层，不能用力过猛，管桩抗弯能力不强往往容易折断，抬架时也要轻抬轻放。否则会造成桩身开裂及易发生桩架倾斜倒塌事故。施工后应对桩位、桩径、桩顶标高、垂直度进行检查，并绘制桩位偏差图。

7）工艺标准：

a. 桩位允许偏差：带有基础梁的桩，垂直基础梁的中心线不大于 $100mm+0.01H$（$H$ 为桩基施工面至设计桩顶的距离），沿基础梁的中心线不大于 $150mm+0.01H$；承台桩，桩数为 1~3 根，桩基中的桩不大于 $100mm+0.01H$，桩数不小于 4 根，桩基中的桩不大于 1/2 桩径$+0.01H$ 或 1/2 边长$+0.01H$；斜桩倾斜度偏差不得大于倾斜角正切值的 15%（倾斜角系指桩纵向中心线与铅垂线间的夹角）。

b. 桩顶标高±50mm。

c. 垂直度不大于 1/100。

（5）机械装备。静压桩施工相关机械设备主要包括静力压桩机、起重机械、液压系统、夹桩机构、配重等。主要施工设备机具见表 4.1-2。

表 4.1-2　　　　　　　　　　主要施工设备机具表

| 序号 | 名称 | 型号、规格 | 单位 | 数量 | 用途 |
|------|------|-----------|------|------|------|
| 1 | 静压机 | ZYC400 | 台 | 1 | 桩基施工 |
| 2 | 挖掘机 | 220 型 | 台 | 1 | 临时配合用 |
| 3 | 水泵 | 7.5 kW | 台 | 2 | 临时用于施工现场排水 |

静压桩施工效果图如图 4.1-6 所示。

#### 4.1.2.2　现浇基础施工

（1）适用范围。现浇基础技术可应用于多种地层，如填土、黏性土、粉土、砂土以及碎石类地层，特别适用于需要较高稳定性和承载能力的构筑物。

图 4.1-6 静压桩施工效果图

（2）施工流程如图 4.1-7 所示。

（3）工艺特点。现浇基础工艺具有结构整体性强、抗震性能好、施工灵活性高、适应性强等特点：

1）结构整体性强，现浇混凝土基础由于是在现场直接浇筑，能够形成连续的、完整的结构体，这种一体化的结构形式极大地提高了基础的整体稳定性和承载能力。

2）抗震性能好，由于现浇基础具有较好的整体性，其在抵抗地震等自然灾害时能表现出更好的抗震性能。

3）施工灵活性高，现浇基础不受场地限制，可以在狭小或不规则的空间内施工，适用于各种复杂地形和环境条件。

4）施工质量易控制，现浇基础施工中的每一环节都应有详细的记录和检查，确保所有参数和结果符合设计要求，有效预防施工缺陷和安全隐患。但相对于预制基础，安装流程较为复杂、安装效率低下、安

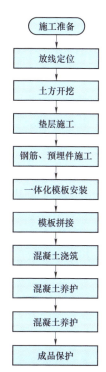

图 4.1-7 现浇基础施工流程图

装工艺质量不理想、现场环境污染大、对人工的依赖性大。

（4）关键质量控制点。

1）基础垫层施工：基础施工前应进行地基验槽，并应清除表层浮土和积水。验槽后应立即浇筑垫层，混凝土强度达到 1.2N/mm² 前，不得在其上踩踏、堆放荷载、安装模板及支架。混凝土强度达到设计强度 70%后，方可进行后续施工。

2）钢筋绑扎：钢筋混凝土条形基础绑扎钢筋时，底部钢筋应绑扎牢固，采用 HPB300 钢筋时，端部弯钩应朝上，柱的锚固钢筋下端应用 90°弯钩与基础钢筋绑扎牢固，按轴线位置校核后上端应固定牢靠。

3）模板安装：杯形基础的支模宜采用封底式杯口模板，施工时应将杯口模板压紧，在杯底应预留观测孔或振捣孔，混凝土浇筑应对称均匀下料，杯底混凝土振捣应密实；高杯口基础的高台阶部分应按整体分层浇筑，不留施工缝。锥形基础模板应随混凝土浇捣分段支设并固定牢靠，基础边角处的混凝土应捣实密实，严禁斜面部分不支模，应用铁锹拍实。

4）混凝土浇筑：混凝土应根据高度分段分层连续浇筑，每层厚度宜为 300～500mm，各段各层间应互相衔接，一般不留施工缝，混凝土浇捣应密实连续浇捣。柱下钢筋混凝土独立基础混凝土宜按台阶分层连续浇筑完成，对于阶梯形基础，每一台阶作为一个浇捣层，每浇筑完一台阶宜稍停 0.5～1.0h，待其初步获得沉实后，再浇筑上层。基础上有插筋埋件时，应固定其位置。

5）养护拆模：基础混凝上浇筑完后，外露表面应在 12h 内覆盖并保湿养护。侧面模板应在混凝土达到相应强度后拆除，拆除时不得采用大锤砸或撬棍乱撬，以免造成混凝土棱角破坏。基础施工完毕后应及时回填，回填前应及时清理基槽内的杂物和积水，回填质量应符合设计要求。

6）工艺标准：

a. 基础模板安装内部尺寸允许偏差±10mm，相邻模板表面高差+2mm。

b. 基础轴线位置偏差不大于 15mm，基础顶面标高偏差±15mm，混凝土强度不小于设计值。

c. 基础纵向受力钢筋、箍筋的混凝土保护层厚度允许偏差±10mm，柱、梁的允许偏差±5mm。

d. 预拌混凝土进场时，其质量应符合规范要求。

e. 混凝土有抗冻要求时，应在施工现场进行混凝土含气量检验，其检验结果应符合国家现行有关标准的规定和设计要求。

f. 混凝土中氯离子含量和碱总含量应符合规范要求与设计要求。

g. 现浇结构不应有影响结构性能或使用功能的尺寸偏差，混凝土设备基础不应有影响结构性能和设备安装的尺寸偏差。

h. 现浇结构截面尺寸允许偏差 −10～+15mm，轴线位置允许偏差独立基础 10mm，整体基础 15mm。

（5）机械装备。现浇基础目前技术较为成熟，应用一体化模板紧固工具进行模板紧固，锚固坚实，混凝土成型好，表面光滑无气泡，观感较好。

一体化模板紧固工具由两种相互契合的钢制卡板、卡板连接件、一种均匀穿孔方钢固定件有效组合而成，安装时只需两个人互相配合，四块卡板为一组，两两之间相互契合紧密围护模板一周，紧固牢靠，再由均匀穿孔方钢嵌入两两契合钢板交叉点，直至贯穿地面深入地下，稳定后形成竖向支撑力，特殊形状基础利用过渡件进行配合，根据基础模板高度按规范要求设置紧固组合数，最终形成独立完整、稳定可靠的模板紧固体系。该装备改善了作业环境，实现了基础模板快速连接，周转程度高、经济效益好，一体化模板紧固工具如图 4.1−8 所示。

图 4.1−8　一体化模板紧固工具

### 4.1.3　钢平台基础安装技术

#### 4.1.3.1　适用范围

适用于预制舱钢结构平台基础安装，作业场地需满足机械吊装条件。

#### 4.1.3.2 施工流程

快速连接作业施工流程图如图 4.1-9 所示。

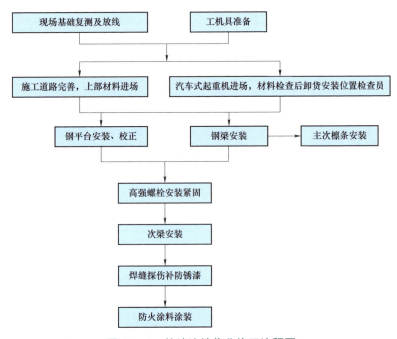

**图 4.1-9 快速连接作业施工流程图**

#### 4.1.3.3 工艺特点

预制舱基础首次采用钢管螺旋桩、模块化钢平台基础，减少了用砖、水泥砂浆量，减少了现场施工对周边环境、噪声的影响，具有现场免开挖、施工速度快、拆卸方便、转移便捷、全建材回收、循环使用、低碳环保等特点。

#### 4.1.3.4 关键质量控制点

（1）到货时堆放杂乱无章，安装前根据图纸进行编号并分类堆放，提高施工效率。

（2）构件拼装采用螺栓连接，螺栓连接工作量极大，直接决定钢构平台施工进度与安装工艺水平。安装前，项目部组织对构件螺栓孔开孔质量进行抽检，避免出现返工或二次扩孔影响工程质量，耽误工期。

（3）钢构安装由中心向两端拼接，在关键安装点进行全程控制，及时调整校对，确保所有的钢结构件安装符合要求。

（4）工艺标准见表 4.1-3。

表 4.1 – 3 快速连接作业工艺标准

| 工艺名称 | 工艺标准 |
|---|---|
| 普通螺栓连接 | （1）普通螺栓可采用普通扳手紧固，螺栓紧固应使被连接件接触面、螺栓头和螺母与构件表面密贴。普通螺栓紧固应从中间开始，对称向两边进行，大型接头宜采用复拧。<br>（2）普通螺栓作为永久性连接螺栓时，紧固连接应符合下列规定：<br>1）螺栓头和螺母侧应分别放置平垫圈，螺栓头侧放置的垫圈不应多于 2 个，螺母侧放置的垫圈不应多于 1 个。<br>2）承受动力荷载或重要部位的螺栓连接，设计有防松动要求时，应采取有防松动装置的螺母或弹簧垫圈，弹簧垫圈应放置在螺母侧。<br>3）对工字钢、槽钢等有斜面的螺栓连接，宜采用斜垫圈。<br>4）同一个连接接头螺栓数量不应少于 2 个。<br>5）螺栓紧固后外露丝扣不应少于 2 扣，紧固质量检验可采用锤敲检验 |
| 高强螺栓连接 | （1）高强度螺栓长度应以高强度螺栓连接副终拧后外露 2～3 扣丝为标准计算，选用的高强度螺栓公称长度应满足最小夹紧长度要求。<br>（2）高强度螺栓安装时应先使用安装螺栓和冲钉。在每个节点上穿入的安装螺栓和冲钉数量，应根据安装过程所承受的荷载计算确定，并应符合下列规定：<br>1）不应少于安装孔总数的 1/3。<br>2）安装螺栓不应少于 2 个。<br>3）冲钉穿入数量不宜多于安装螺栓数量的 30%。<br>4）不得用高强度螺栓兼做安装螺栓。<br>（3）高强度螺栓应在构件安装精度调整后进行拧紧。高强度螺栓安装应符合下列规定：<br>1）扭剪型高强度螺栓安装时，螺母带圆台面的一侧应朝向垫圈有倒角的一侧。<br>2）大六角头高强度螺栓安装时，螺栓头下垫圈有倒角的一侧应朝向螺栓头，螺母带圆台面的一侧应朝向垫圈有倒角的一侧。<br>（4）高强度螺栓现场安装时应能自由穿入螺栓孔，不得强行穿入。螺栓不能自由穿入时，可采用铰刀或锉刀修整螺栓孔，不得采用气割扩孔，扩孔数量应征得设计单位同意，修整后或扩孔后的孔径不应超过螺栓直径的 1.2 倍。<br>（5）高强度大六角头螺栓连接副施拧可采用扭矩法或转角法，施工时应符合下列规定：<br>1）施工用的扭矩扳手使用前应进行校正，其扭矩相对误差不得大于 ±5%；校正用的扭矩扳手，其扭矩相对误差不得大于 ±3%。<br>2）施拧时，应在螺母上施加扭矩。<br>3）施拧应分为初拧和终拧，大型节点应在初拧和终拧间增加复拧。初拧扭矩可取施工终拧扭矩的 50%，复拧扭矩应等于初拧扭矩。<br>（6）高强度螺栓连接节点螺栓群初拧、复拧和终拧，应采用合理的施拧顺序。<br>（7）高强度螺栓和焊接混用的连接节点，当设计文件无规定时，宜按先螺栓紧固后焊接的施工顺序。<br>（8）高强度螺栓连接副的初拧、复拧、终拧，宜在 24h 内完成 |

### 4.1.3.5 机械装备

预制舱钢平台安装涉及的机械主要包括起重机、安装工具等。起重机是预制舱钢平台安装中关键的设备，主要用于将预制舱组件从运输车辆上吊装到安装位置。根据预制舱的重量和尺寸，需要选择相应载荷的起重机。安装工具主要有力矩扳手、测量工具等，用于预制舱组件的微调和精细安装，确保各部分正确安装到位。使用高精度的测量工具如水平仪和激光测距仪，确保预制舱在安装时的位置精准，避免后期出现结构不平衡等问题。舱体架高设计如图 4.1 – 10 所示。

图 4.1－10　舱体架高设计

# 4.2　构筑物安装

舱式变电站构筑物多采用预制装配式设计，机械化施工应用率高于常规变电站。在施工中，围墙、防火墙、电缆沟以及水工构筑物等主要部分都使用了预制构件，现场采用装配式作业，施工效率更高。

## 4.2.1　装配式围墙安装

装配式围墙安装是指采用预制的围墙构件，包括立柱、横梁、墙板等部分，按照设计要求在工厂内进行标准化生产，然后在施工现场按照设计图纸和安装规范进行快速定位、组装和固定。它提高了施工效率，减少了环境污染，是现代建筑施工中的一种重要技术。

### 4.2.1.1　适用范围

装配式围墙是一种现代化的建筑围墙方式，它采用预制构件在工厂生产后运输至施工现场进行快速组装，在各种情况下广泛应用。

### 4.2.1.2　施工流程

装配式围墙施工流程图如图 4.2－1 所示。

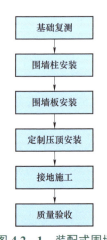

图 4.2－1　装配式围墙施工流程图

#### 4.2.1.3 工艺特点

装配式围墙采用先进的生产工艺和技术，采用工厂化预制生产的方法，将围墙的主要构件（如墙体、柱子和横梁等）在工厂中按照严格的标准和规格进行批量生产，然后在现场通过组装和连接预制件。相较于一般围墙，装配式围墙的施工周期较短，大大提高了施工效率，能够满足紧急施工需求；采用工厂化制造，保证质量始终可控；采用模块化设计使得安装更加方便，不需要现场浇筑混凝土，降低劳动强度。装配式围墙工艺效果图如图 4.2－2 所示。

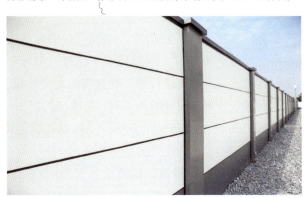

**图 4.2－2 装配式围墙工艺效果图**

#### 4.2.1.4 关键质量控制点

（1）围墙柱安装。围墙柱安装应满足下列要求：

1）按照图纸要求将柱基础底板用水准仪调整在同一水平高度，利用柱底螺母和垫片的方式调节标高。

2）柱吊装前根据高度、重量及场地条件等选择起重机械，并计算合理吊点位置、起重机停车位置、钢丝绳及拉绳规格型号等。在吊点处宜采用合成纤维吊装带绕两圈，再通过吊装 U 形环与吊装钢丝绳相连，以确保对柱面层的保护。

3）柱吊装前根据高度、重量及场地条件等选择起重机械，并计算合理吊点位置、起重机停车位置、钢丝绳及拉绳规格型号等。在吊点处宜采用合成纤维吊装带绕两圈，再通过吊装 U 形环与吊装钢丝绳相连，以确保对柱面层的保护。

4）柱脚安装时，应校准后螺栓后，缓慢落下。柱安装后应及时进行垂直度、标高和轴线位置校正。校正完成合格后柱应可靠固定方可摘除吊绳。

5）柱安装时应对称均匀紧固。

（2）围墙板安装。围墙板安装应满足下列要求：

1）墙板吊装前在吊点处宜采用合成纤维吊装带绕两圈，再通过吊装 U 形环与吊装钢丝绳相连，以确保对墙板饰面层的保护。

2）用于吊装的钢丝绳、吊装带、卸扣、吊钩等吊具应经检查合格，并应在其额定许用范围内使用。

3）吊装应由专人指挥，吊装前应试吊，检查吊索及起吊机械安全后，再正式起吊。降落过程中必须缓慢下降，当墙板两端下口距离立柱槽边 50～100mm 时，调整墙板两端与立柱槽边达到准确位置后方可指挥下降就位。

4）每块板与纵向轴线必须平行，确保整体墙面顺直。

5）控制每块板的安装误差，减少累计差，确保各墙板拼接缝及顶部定制压顶安装平整、顺直。

6）墙板安装采用分块嵌入式插入柱内槽，墙板同柱缝隙应采用密封胶嵌实。

7）外墙板缝采用装饰压条嵌缝时，板缝应横平竖直，深浅一致，固定牢靠。

8）条形基础变形缝位置同上部围墙位置，缝宽应满足设计要求，内填塞聚乙烯挤塑板，表面采用密封耐候胶嵌缝。耐候胶施工时，变形缝两侧 2mm 外粘贴美纹纸，打胶应成圆弧形状，内凹 3mm，待胶凝固后，拆除美纹纸，避免外饰面污染。

（3）定制压顶安装。定制压顶安装应满足下列要求：

1）压顶运输和搬运应采取防护措施，压顶板外表面应粘贴或缠绕防护膜，块与块之间用草栅、泡沫板等软质隔板隔离，装卸时轻装轻放，集中码放，防止二次搬运。板安装固定完成后，应及时去除表面防护膜。

2）压顶底部两侧距边缘 20mm 处应做滴水槽、鹰嘴或滴水线。

3）压顶板与墙板、柱连接应可靠、紧贴，螺钉间距、数量应符合设计要求。

4）定制压顶长度：两墙垛间宜为整块；压型金属板安装应平整，顺直。

5）定制压顶板面上不应有施工残留物或污物，不应有未经处理的错钻孔洞。

#### 4.2.1.5　机械装备

预制围墙施工装备包括平板运输车、汽车式起重机、经纬仪、电焊机、手动胶枪、预制围墙运输安装一体机、吊具、专用收光刀等施工装备，下面主要对预制混凝土围墙使用的预制围墙运输安装一体机的装备特点和施工要点进行说明。

（1）装备特点。预制围墙运输安装一体机为预制围墙构件施工专用工具，可机械化夹取预制构件，并控制预制构件在空间内自由旋转，将预制围墙构件从"运输形态"调整至"安装形态"，实现预制围墙快速机械化安装。

（2）施工要点。

1）调整预制围墙夹具，夹取预制围墙柱，将预制围墙柱运输至安装部位。

2）利用平面旋转系统、垂直翻转系统将预制围墙柱由横置状态转换为竖直安装状态，放置于杯口中，再利用运输安装一体机的前后移动和移动门架的左右移动，精确控制围墙柱放置于预埋钢板上。预制围墙柱施工如图 4.2－3 所示。

图 4.2 – 3  预制围墙柱施工

3）预制围墙柱安装完成后，调整夹具夹取预制围墙板，并运至安装部位。

4）调整安装器具高度，使围墙板底部高于预制围墙柱。利用平面旋转系统、垂直翻转系统将预制围墙板调整为竖直安装状态，再利用运输安装一体机的前后移动和移动门架的左右移动，精确控制围墙板对准两侧围墙柱卡槽，并平稳落下。预制围墙板施工如图 4.2 – 4 所示。

图 4.2 – 4  预制围墙板施工

## 4.2.2  装配式防火墙安装

装配式防火墙是一种预制的墙体系统，在工厂环境中按照严格的耐火标准生产，再运输至施工现场进行快速组装和安装，施工迅速、防火效果显著且稳定。

#### 4.2.2.1 施工流程

装配式防火墙安装流程图如图 4.2－5 所示。

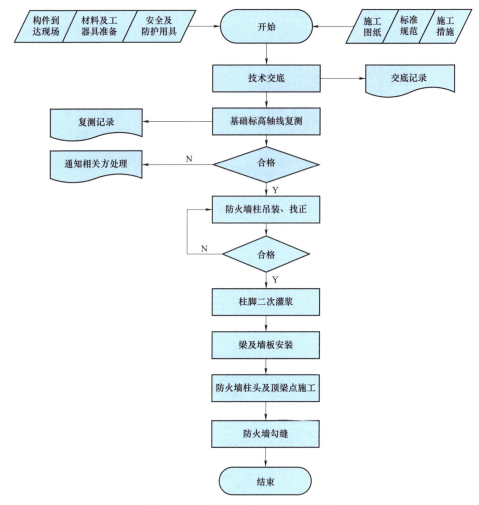

**图 4.2－5 装配式防火墙安装流程图**

#### 4.2.2.2 工艺特点

传统的防火墙现场浇筑方式施工周期长、安全风险大、环境影响大。装配式防火墙作为一种新兴的建筑方式，以其施工效率高、环保节能、质量可控等优点，在变电站建设中得到了广泛的应用和推广。其工艺特点体现在其预制化生产、模块化设计、快速安装和高性能防火。在工厂环境中按照严格标准预先制作防火墙的各个部件，确保了产品的质量控制和尺寸精确。模块化设计使得墙体可以根据建筑需求灵活组合，适应不同的空间布局。装配式防火墙采用工厂化预制与现场快速组装相结合的方式，通过机械化施工实现构件的精确安装和节点的可靠连接，现场安装过程快速便捷，大幅缩短了施工周期，并且减少了对现场环境的影响。此外，装配式防火墙提供的防火性能，满足墙体的防火、防爆安全性能，满足了变电站对安全性和耐用性的高标准要求，符合绿色建筑的理念，有助于推动电力行业的可持续发展。

### 4.2.2.3　关键质量控制点

（1）预制构件进场检验。预制构件进场检验应满足表 4.2－1 要求。

表 4.2－1　　　　　　　　　　预制构件进场检验标准

| 检查项目 | | 质量 | | 检验方法及器具 |
|---|---|---|---|---|
| 主控项目 | 结构性能检验 | 预制构件应进行结构性能检验。结构性能检验不合格的预制构件不得用于混凝土结构 | | 检查结构性能试验报告 |
| | 外观质量 | 不应有严重缺陷，对已出现的严重缺陷，应按技术处理方案进行处理，并重新验收 | | 观察检查 |
| | 尺寸要求 | 预制构件不应有影响结构性能和安装、使用功能的尺寸偏差 | | 观察，检查技术处理方案 |
| | 构件标志和预埋件、插筋、预留孔洞 | 预制构件应在明显部位标明生产单位、构件型号等。构件上的预埋件、插筋和预留孔 洞要符合标准图或设计的要求 | | 观察，检查技术处理方案 |
| 一般项目 | 外观质量 | 不宜有一般缺陷，对已出现的一般缺陷，应按技术处理方案进行处理，并重新验收 | | 观察，检查技术处理方案 |
| | 长度 | 梁、柱 | ＜12m：±5mm | 钢尺检查 |
| | | | ≥12m 且＜18m：±10mm | |
| | | | ＞18m：±20mm | |
| | 厚度 | 墙板 | ±4mm | |

（2）防火墙柱吊装与组立。防火墙柱吊装与组立应满足下列要求：

1）根据工程实际情况，均按照由远到近的顺序吊装，制订起重机位置以及行进路线。

2）防火墙柱采用一点绑扎滑移法吊装，工作人员将一根控制绳绑在柱体尾部位置，由施工人员控制，防止柱体摆动，并借助控制绳将柱体牵引到杯口处。

3）拴钢丝绳浪风处应设置保护件（如地毯等），以防柱体磨损。

4）柱起吊后，当柱脚移至杯口上空后渐渐插入杯口，当柱脚接近杯底 50mm 左右时，用撬棍撬动柱脚，让柱身中心线对准杯口中心线。

5）柱立起后，应用经纬仪同时从正、侧两个方向找正，校正后应设临时拉线稳住（用钢丝绳），并用塞子将柱脚固定。

6）柱体固定后之后，由吊装总指挥决定脱吊钩并取吊带，登高人员系好安全带，操作曲臂车将吊带从防火墙柱体上取下。

7）整体防火墙柱组立完毕即可找正，柱腿按事先划好的杯口纵横轴线进行控制。找正时采用两台经纬仪，分别设置在纵横轴线上。一排柱体找完后，进行纵横方向复测，锁紧拉线应紧弛有度，缓缓进行，不可强拉硬拽，四面的专业塞子不可同时去除，柱体找正结束后，用混凝土塞代替。

（3）二次灌浆。柱体安装校正完成后进行二次灌浆，二次浇灌采用 C35 细石混凝土一次灌注杯口的 2/3 深，强度达到 25%左右后敲去塞子，再浇至杯口面，待第二次浇筑的混凝土强度达到 75%以后才可拆除浪风绳。

（4）梁及墙板安装。梁及墙板安装应满足下列要求：

1）浪风绳拆除后，即可安装梁及墙板，整体先安装底梁，然后逐块板向上安装，最后安装顶梁。

2）防火墙梁及墙板采用两点起吊方法，选用合适吨位的起重机，采用将两根吊带与预埋的吊点连接，使梁及墙板重心平衡，梁及墙板呈水平缓缓上升。

3）当梁及墙板起吊到略高于安装高度后，登高人员系好安全带，操作曲臂车，梁及墙板缓缓安装到具体位置，并取下吊带。

4）安装时，应保持墙板水平，轻挪轻放，防止凹槽边角在吊装过程中破损。板的凸在上凹槽在下，拼接时凹槽内先填充水泥砂浆，再将凸槽插入并压实，用橡胶锤敲击板上口调整板水平标高。

（5）防火墙柱头及顶梁连接点施工。防火墙柱头及顶梁连接点应满足下列要求：

1）柱、板、梁安装完成后，在曲臂车的配合下进行柱头及顶梁连接点施工。

2）在钢筋成品加工前，认真熟悉施工图纸，对钢筋的型号、间距、锚固长度，都要严格按照设计及规范要求编制出钢筋下料单。

3）预埋件安装时严格安装图示要求、轴线平面位置、标高、拉线就位、调平。基础预埋件周围留 4mm 宽的变形缝，深度同埋件厚度，采用硅酮耐候胶封堵。

（6）防火墙勾缝。防火墙柱、梁、板之间处采用防火胶泥填缝，填缝要求密实无空隙，最后使用黑色硅碉结构胶勾缝。

#### 4.2.2.4　机械装备

装配式防火墙的安装采用多种专业机械装备，包括用于精确吊装和放置预制墙板的起重机械、确保墙体连接牢固的紧固工具以及用于处理接缝和密封的专用设备，各类机械装备的使用保障了装配式防火墙的安装效率和安全性。

## 4.2.3 装配式电缆沟安装

### 4.2.3.1 适用范围

装配式电缆沟主要分为 1050mm×1100mm、1100mm×1100mm、1150mm×1100mm、1400mm×1400mm 等尺寸规格。

### 4.2.3.2 施工流程

装配式电缆沟安装流程图如图 4.2－6 所示。

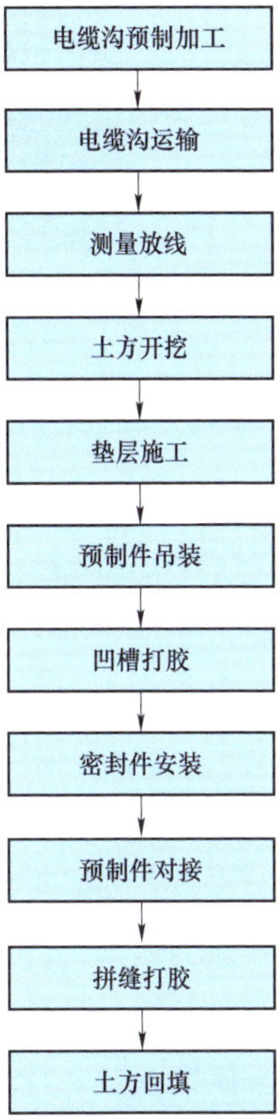

### 4.2.3.3 工艺特点

装配式电缆沟采用螺栓连接，连接处采用防水胶条和密封胶封堵。电缆沟下设 10mm 厚 C15 垫层，垫层与电缆沟之间预留 30mm 的调节高度，用于校准电缆沟预制件的高度。电缆沟侧壁预留电缆沟支架安装孔，无需另外打孔，实现无尘化电缆支架安装。

### 4.2.3.4 关键质量控制点

（1）测量放线时严格控制标高，电缆沟垫层标高及平整度满足设计要求。

（2）安装第一组装配式电缆沟时，先进行试组装，试组装无误后继续进行组装。

（3）装配式电缆沟安装时，应从中间向两端依次安装，减少累计误差。

（4）装配式电缆沟凹侧防水槽内胶水涂刷饱满，防水棉粘贴牢固、密实，接缝处内外采用硅酮结构密封胶勾缝。

（5）工艺标准。

1）预制块结构无严重质量缺陷，组装时凹凸槽口衔接应严密牢固。

2）沟壁垂直度偏差不大于 3mm，沟壁表面平整度偏差不大于 3mm。

3）预制块颜色一致，无明显色差。

### 4.2.3.5 机械装备

在预制电缆沟底板四角预留内螺纹孔洞，现场采用专用吊装工具旋入孔洞中，用起重机吊装就位，预制电缆沟施工如图 4.2－7 所示。

电缆沟预制加工

电缆沟运输

测量放线

土方开挖

垫层施工

预制件吊装

凹槽打胶

密封件安装

预制件对接

拼缝打胶

土方回填

**图 4.2－6　装配式电缆沟安装流程图**

图 4.2－7　预制电缆沟施工

## 4.2.4　水工构筑物安装

### 4.2.4.1　适用范围

水工构筑物主要包括装配式雨水井、检查井、装配式消防水池、一体化雨水泵池、预制化粪池等，本文以装配式雨水井安装为例介绍，其他参照执行。

### 4.2.4.2　施工流程

水工构筑物安装流程图如图 4.2－8 所示。

### 4.2.4.3　工艺特点

预制钢筋混凝土装配式检查井由底板、井室、盖板、井筒、井圈等部分组成，现场组合拼装后成为整体检查井。检查井与管道的连接方式为刚性接口，与检查井相接的第一、二节管道之间设置柔性接口，以防止基础不均匀沉降造成雨污水泄漏。检查井预制管道之间采用企口连接，以提高整体稳定性和严密性。井室高度可调，可满足现场不同埋深、不同井深的需要，可以有效地降低生产成本。

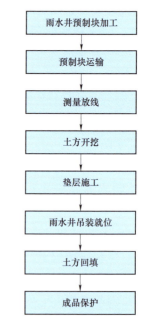

图 4.2－8　水工构筑物安装流程图

### 4.2.4.4　关键质量控制点

（1）施工前应根据施工设计图的要求，确定检查井的桩号、底板高程、砂砾石垫层、槽底高程、检查井井口高程、配管中心高程等。

（2）人工清理槽底之后，应在槽底铺设一层砂砾，作为预制钢筋混凝土装配式检查井的底部匀压垫层。槽底砂砾垫层的厚度应符合设计规定，并预留沉降量。垫层长度、宽度尺寸应比预制混凝土底板的长、宽尺寸各大 100mm。垫层夯实后应用水平尺校平并核对标高。

（3）预制钢筋混凝土装配式检查井，底板、井室、井筒等构件均应标示出吊装轴线。

（4）井室吊装时，应核对管道承插口与检查井的连接方向；承口位于检查井的进水方向，插口位于检查井的出水方向。底板与井室、井室与盖板的连接边缝，应潮湿后用 1:2 水泥砂浆或聚氨酯掺和水泥砂浆填充，并做成 45°抹角，内侧接缝用原浆勾平缝。

（5）预制检查井的底板吊装就位后，应立即进行位置和高程测量。底板中心位置允许偏差不大于±20mm，底板高程允许偏差不得大于±10mm。

#### 4.2.4.5　机械装备

在预制雨水井底板四角预留内螺纹孔洞，现场采用专用吊装工具旋入孔洞中，用起重机吊装就位。

# 4.3　设　备　安　装

舱式变电站将站内变压器的各侧一、二次电气设备及全站二次系统整装集成至不同的预制舱内，主要电气设备及调试在制造厂实施，设备整舱运输，整舱吊装，积木式组拼。变电站建筑和电气施工进度关键路径实现"串行改并行"，实现"零建筑"，显著减少现场施工内容。单舱设备重量倍增，吊装设备吨位提高，吊装安全风险控制难度增大，对现场吊装技术提出更高要求。施工从常规设备安装技术管理，变为对预制舱吊装技术管理，需提前策划预制舱进场路线及吊装顺序，核实吊装预制舱的起重机选型及吊装位置，下面分别介绍舱式变电站设备吊装、4D 施工模拟技术等。

## 4.3.1　舱式设备吊装

#### 4.3.1.1　施工流程

预制舱吊装施工流程图如图 4.3－1 所示。

#### 4.3.1.2　工艺特点

舱体就位前进行现场实地勘查，保证预制舱基础养护期已满，预埋件轴线位移偏差复测良好，现场满足安装条件，吊装施工无影响。起重作业主要为预制舱总体的吊

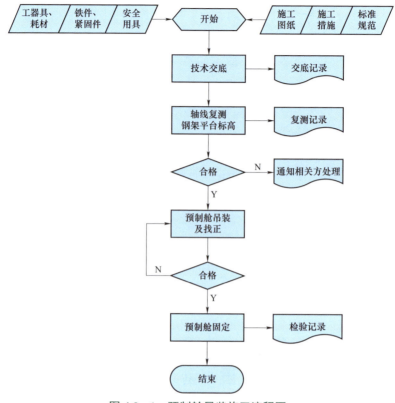

**图 4.3－1　预制舱吊装施工流程图**

装，包含了预制舱本体及舱内的设备，卸货时按照预制舱到货顺序依次进行吊装，起重机就近坐落于预制舱基础环形马路上。根据舱体单件设备重量及现场实际情况，计算吊装重量，结合起重机特性曲线，选用 25～200t 吨位起重机，在箱体进行吊装时，要采用四点或八点起吊法吊装，保证箱体平稳起吊平移；根据箱体的重量、吊点和吊装示意图进行吊装。二次设备舱吊装方法、效果分别如图 4.3－2、图 4.3－3 所示。

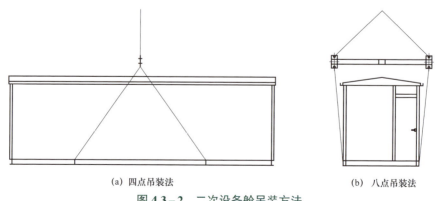

(a) 四点吊装法　　　　　　　　　　　　　　(b) 八点吊装法

**图 4.3－2　二次设备舱吊装方法**

图 4.3－3　二次设备舱吊装效果图

#### 4.3.1.3　机械装备

变电站舱式设备吊装涉及的机械装备通常包括大型起重机，如汽车式起重机或履带式起重机，用于提升和移动重型舱体；特殊设计的吊具如自平衡吊具、平衡梁、钢丝绳、卸扣等，基于各类设备舱体的尺寸型号、舱内设备布置、吊点及重心位置，研究通用型现场吊装、拼接方案，形成安全可靠、便捷高效的标准化吊装工艺，用以确保吊装过程的稳定性和安全性，以及运输设备如平板车，用于舱式设备在施工现场的转运，确保变电站中的舱式设备能够精确、高效地安装到位。

### 4.3.2　4D 施工模拟技术

#### 4.3.2.1　工艺特点

4D 施工模拟技术利用四维模型将时间和空间维度结合起来，实现对舱式变电站建造过程的精确模拟。采用 SolidWorks、UG 等机械制图软件三维建模，模拟机械化加工、施工过程，采用 ANSYS release 和 Midas Gen 等软件对一体化墙板和设备预制舱的结构与热工性能进行 CAE 有限元分析与优化设计，采用数字孪生技术系统试验电气设备预制仓大件运输方案。

#### 4.3.2.2　预期成效

4D 施工模拟技术在机械装备选择和应用中扮演着至关重要的角色，可以对工程所需机械的类型、尺寸、功能和部署时间进行精确模拟，如塔式起重机、汽车式起重机、叉车等，从而优化它们的使用计划和协调各施工阶段。这有助于预防设备配置错误、减少空闲和等待时间，确保施工进程按计划高效推进，4D 施工模拟场景图如图 4.3－4 所示。

图 4.3－4　4D 施工模拟场景图

### 4.3.3　主变压器安装实时监测技术

#### 4.3.3.1　施工流程

主变压器安装施工流程图如图 4.3－5 所示。

#### 4.3.3.2　工艺特点

智能感知装置主要由现场数据采集装置、数据接收服务器/应用服务器、远程终端数据检测装置等部分组成，主要技术要点如下：

（1）终端设置关键参数（如露点温度、干湿度、真空度、油温、流量等）的预警阈值条件，一旦超过设定阈值，终端提醒后应及时处理。

（2）施工过程的关键数据（如真空度、油温、流量等）可通过终端实时监测并形成数据表单和数据曲线的数据，应在数据采集后及时定期保存，防止因储存空间不足而导致数据丢失。

（3）操作整个设备之前，应充分了解整组设备运行方式，并在监测过程中保证电源的不间断供电，从而确保数据的连续性。

#### 4.3.3.3　监测系统

针对滤油机等施工装备开展感知层数字化建设，实时感知变压器绝缘油过滤、变压器内检、抽真空、真空注油、热油循环等施工场景中关键数据，实时监测和传输，形成基于施工装备物联感知的变压器油处理监测系统。

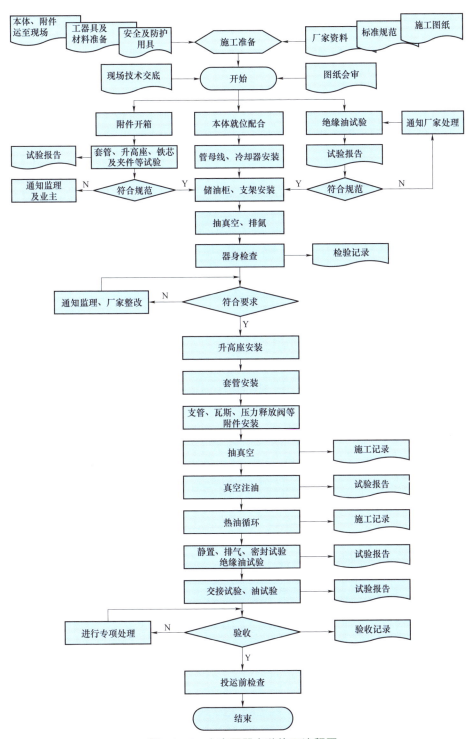

图 4.3－5 主变压器安装施工流程图

# 4.4　舱式变电站调试

本节从一次设备工厂化调试技术、二次设备工厂化调试技术、一次设备耐压试验技术、模拟主站通信对点技术等方面介绍舱式变电站的调试流程、方法和技术要求。

## 4.4.1　一次设备工厂化调试技术

### 4.4.1.1　舱内设备调试流程

预制舱设备试验流程图如图 4.4－1 所示。

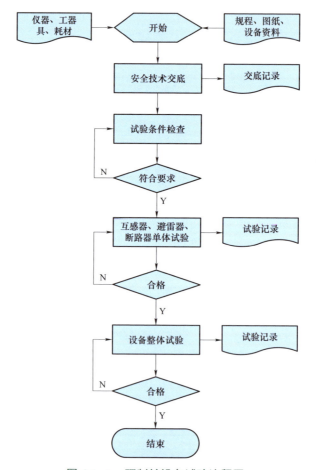

**图 4.4－1　预制舱设备试验流程图**

### 4.4.1.2  舱内设备试验清单

充气式开关柜一次设备试验设备包括如下。

（1）真空断路器试验：① 测量绝缘电阻；② 测量断路器主触头的分、合闸时间，测量分、合闸的同期性，测量合闸时触头的弹跳时间；③ 测量分、合闸线圈及合闸接触器线圈的绝缘电阻和直流电阻；④ 断路器操动机构的试验。

（2）干式互感器试验：① 测量绕组的绝缘电阻；② 测量绕组的直流电阻；③ 检查变比及极性；④ 测量电流互感器的励磁特性曲线。

（3）氧化锌避雷器试验：① 测量金属氧化物避雷器及基座绝缘电阻；② 测量金属氧化物避雷器直流参考电压和 0.75 倍直流参考电压下的泄漏电流；③ 检查放电计数器动作情况及监视电流表指示。

（4）充气柜本体试验：① 回路电阻试验；② $SF_6$ 气体试验；③ $SF_6$ 表计校验；④ 耐压试验。

### 4.4.1.3  舱内设备试验仪表清单

舱内设备试验仪表清单见表 4.4−1。

表 4.4−1　　　　　　　　舱内设备试验仪表清单

| 序号 | 名称 | 规格 | 单位 | 数量 | 备注 |
|---|---|---|---|---|---|
| 1 | 绝缘电阻表 | 数字式 | 台 | 1 | 电压可调整 |
| 2 | 开关测试仪 | — | 台 | 1 | |
| 3 | 互感器综合测试仪 | — | 台 | 1 | |
| 4 | 直高仪 | — | 套 | 1 | |
| 5 | 雷击放电计数器 | — | 台 | 1 | |
| 6 | 回路电阻测试仪 | 100A | 台 | 1 | |
| 7 | 开关测试仪 | — | 台 | 1 | |
| 8 | $SF_6$ 气体露点仪 | — | 台 | 1 | |
| 9 | 充气式试验变压器 | 100kV | 台 | 1 | |
| 10 | 温湿度计 | 室外型 | 个 | 1 | |
| 11 | 试验电源盘 | 20A | 个 | 1 | |
| 12 | 试验围栏 | — | 卷 | 3 | |
| 13 | 工具 | — | 套 | 1 | |
| 14 | 万用表 | — | 块 | 1 | |

续表

| 序号 | 名称 | 规格 | 单位 | 数量 | 备注 |
|------|------|------|------|------|------|
| 15 | 接地线 | $4mm^2$ | 根 | 若干 | |
| 16 | 绝缘带 | — | 卷 | 2 | |
| 17 | 绝缘垫 | — | 个 | 1 | |
| 18 | 绝缘手套 | — | 副 | 1 | |
| 19 | 放电棒 | — | 根 | 1 | |
| 20 | 回路电阻测试工装 | — | 套 | 1 | |
| 21 | 避雷器测试工装 | — | 套 | 1 | |
| 22 | 耐压试验工装 | — | 套 | 1 | |

#### 4.4.1.4　舱内变电站设备试验与常规变电站的区别

（1）舱式变电站设备特点。舱式变电站设备布置紧凑，大多采用单边接线的方式，与传统开关柜对比电缆舱前置。充气式开关柜内设备内部使用 $SF_6$ 气体提高其绝缘性能，纵旋式开关柜通过改变结构布置实现体积的减小。

（2）舱式变电站设备试验流程的转变。基于舱式变电站建设的特点，增加工厂集成环节，在工厂集成环节即可完成所有一次设备的常规试验，设备到达现场后结合分系统试验进行简单的性能验证即可。

（3）舱式变电站设备试验的特点。由于结构的变化带来试验流程改变。在设备集成阶段即可完成常规试验，设备到了现场后还需对运输过程中可能产生的位移情况进行再次试验验证。如设备到场后应再次进行：回路电阻试验、耐压试验。

## 4.4.2　二次设备工厂化调试技术

传统变电站二次设备联调仅将保护装置加入联调工作中，仅能验证保护之间的配合情况，不能完整验证全站二次回路。预制舱式变电站采用一次设备舱和二次设备舱结合的方式，在厂内联调过程中可以完成近乎全站的二次室调试工作。

#### 4.4.2.1　工厂内设备组网

基于多舱体系和航插式智能控制柜技术的应用，可以参与到厂内联调的设备有一次舱内所有二次设备、一次开关柜舱内设备、智能控制柜及柜内设备。这样在厂内联调阶段即可实现"三层两网"的组建和调试，并且由于预制电缆、预制光缆技术的应用设备在厂内完成联调后到达现场只需连接航插接头即可具备验收条件。在厂内按照现场的电源和光缆分布方式进行设备之间物理连接。由全站集成厂家完成

SCD 文件制作和相关二次装置配置下装，消除全站二次设备断链信号。厂内二次集成调试与预制航插电缆智能柜如图 4.4-2 所示。

(a) 厂内二次集成调试　　　　　　(b) 预制航插电缆智能柜

**图 4.4-2　厂内二次集成调试与预制航插电缆智能柜**

#### 4.4.2.2　集成设备联调

在舱式变电站建设过程中，因过程层设备也参与联调过程，可以在厂内将全站后台信息：遥信、遥控、遥测全部验证至后台。对于二次设备电流电压虚回路，在厂内直接完成电流电压回路试验，包括电压并列、母差和主变压器保护同步性试验等。这样在厂内联调阶段即可完成全站二次设备工作量的 70%，在现场调试阶段只需完成就地调试和遥控功能验证即可，相应的后台和过程层设备厂家也不需要长期在现场配合工作，提高了调试工作效率。舱内二次集成调试如图 4.4-3 所示。

**图 4.4-3　舱内二次集成调试**

在工厂内完成了一次舱内设备的一次设备单体试验、开关柜内保护逻辑校验及传动、二次信号验证至保测装置等工作，设备舱到现场后只需进行开关柜耐压试验和一次设备核相等工作即可。在厂内已完成二次设备单体调试及分系统调试、验证了站内设备信息。后续设备舱到现场组装后，即可与调度进行所有遥信、遥控、遥测上传工作。调度信息核对如图4.4-4所示。

图 4.4-4　调度信息核对

### 4.4.3　一次设备耐压试验技术

集装箱式串联谐振耐压试验装置（见图4.4-5）将整套耐压试验系统集中布置到集装箱内，集装箱内配备试验控制室、视频监控、红外电子围栏等辅助系统，具有运输方便、操作方便的优点，改善了试验人员的工作环境，提高了试验的安全性和工作效率。

#### 4.4.3.1　适用范围

电流互感器、断路器、GIS 等舱式设备耐压试验。

#### 4.4.3.2　装置组成

该装置由耐压试验装置和安全辅助系统组成。

（1）耐压试验装置：包括试验控制台、变频电源、励磁变压器、电抗器、分压器等元件。电抗器和分压器采用单节方式。

（2）安全辅助系统：包括接地报警、红外电子围栏、视频监控系统等辅助系统。

图 4.4 - 5　集装箱式串联谐振耐压试验装置

#### 4.4.3.3　技术原理

该串联谐振高压试验设备是基于调节试验频率实现串联谐振耐压试验。输入三相交流 380V 电源，由变频源转换成频率、电压可调的单相电源，经励磁变压器，送入由电抗器 L 和被试对象 Cx 构成的高压串联谐振回路。变频器经励磁变压器向主谐振电路送入一个较低的电压 $U_e$，调节变频器的输出频率，当频率满足谐振条件时，电路即达到谐振状态，通过调节变频器的输出电压将谐振回路电压升至试验要求值。

#### 4.4.3.4　技术要点

（1）试验前，GIS 需完成回路电阻试验、绝缘电阻试验、SF$_6$ 微水试验、互感器试验及隔离开关、断路器的分合闸试验等常规试验，核对 GIS 隔离开关、断路器关状态正确，电流互感器短接接地良好。

（2）检查试验接线，确保试验设备接线正确牢固，试压加压线与周围设备保持足够安全距离，试验设备接地可靠，试验操作人员穿绝缘鞋或站绝缘垫上，并佩戴绝缘手套。

（3）正确选择仪器分压比，试验按照四阶段进行加压，每阶段加压时间满足要求，最高电压耐压保持 1min，1.2 倍额定电压下局部放电试验合格。

#### 4.4.3.5　应用效果分析

（1）该装置是集机动化、集成化和自动化于一体的试验装置。装置内部设备结构固定、接线方式简单，有效减少接线错误风险，大大提高了试验安全系数。装置搭载安全辅助系统，具备接地报警、红外电子围栏、视频监控系统等分系统，有效降低了试验风险。

（2）该装置设置自动展开试验平台。传统耐压设备到达现场后需要使用起重机将励磁变压器、电抗器、操作台吊装至地面。该装置试验设备无需下车，无需依赖外部装卸机具，即可在车上独立完成所有试验。

（3）该装置无需组装。传统串联谐振设备在地面组装操作烦琐、接线方式复杂、部分接线工作需借助登高车辆才能。该装置仅需一次完成内部接线后续无需调整，到达现场仅需简单连接加压线即可开展试验。

## 4.4.4　变电站模拟主站通信对点技术

变电站模拟主站调试装置具备监控后台同步验收功能，同时实现了子站和主站端的监控信息自动验收，能够完成监控信息全回路、全信息验收，提高变电站监控信息验收效率，实现验收技术自动化，减少工作强度，在舱式变电站的应用，进一步加快了建设速度。

### 4.4.4.1　适用范围

该技术适用于 IEC 61850 通信的各种电压等级新建智能变电站和常规变电站，在新建变电站中工期要求紧，调试时间短，常规调试方式无法按期完成监控信息调试和验收的工作，如图 4.4－6 所示。

（a）站内端监控信息验收现场　　　　　　（b）调度端监控信息验收现场

图 4.4－6　监控信息验收现场

图 4.4－7　变电站模拟主站调试装置

### 4.4.4.2　装置组成

该装置由远动配置（见图 4.4－7）自动闭环校验模块、站端监控信息同步验收模块、调度主站自动检核模块等相关功能模块组成。变电站模拟主站调试装置如图所示。

（1）远动配置自动闭环校验模块。通过全景仿真全站间隔层装置 MMS 通信，同时模拟主站接收远动装置 IEC 104 报文实现远动装置转发配置的自动闭环校核，自动生成校核报告，形成远动配置点表，并能与 RCD 文件、调控信息表进行一致性比较，方便检查远动转发表是否错配、漏配、多配以及调控信息是否与实际相符，如图 4.4－8 所示。

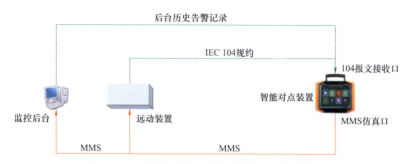

图 4.4－8　远动配置自动闭环校核应用示意图

（2）站端监控信息同步验收模块。通过对点装置的 IEC 104 模拟主站功能，可在与主站监控信息验收之前，由变电站调试人员施加实际信号量，在站端通过模拟主站功能，与监控后台主机进行同步验收，校验远动装置配置与变电站一次/二次信号一致性，如图 4.4－9 所示。

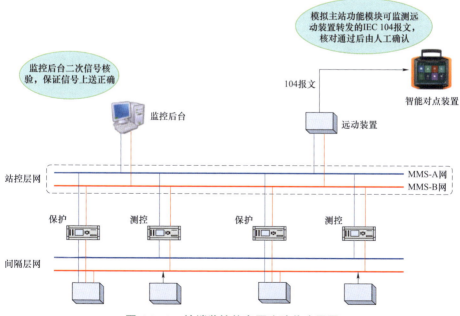

图 4.4－9　站端监控信息同步验收应用图

（3）主站自动对点校核模块。实现全站多装置跨间隔的仿真传动，依照监控信息点表顺序并按照自动验收校验规则自动触发遥信、遥测信号，与主站自动验收模块完成监控信息的自动核验，如图 4.4－10 所示。

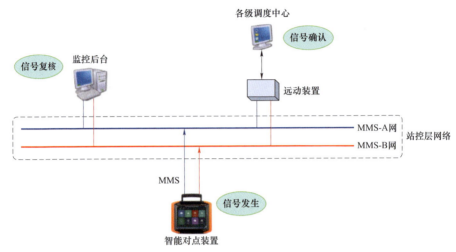

图 4.4－10　调控主站自动验收示意图

### 4.4.4.3　技术原理

（1）SCD 文件快速解析技术。基于 XML－DOM 和 XPATH 技术，实现 SCD 文件的快速解析，提取全站 IED 装置的 MMS 通信配置信息、数据集、报告控制块、虚端子连接关系等信息。

（2）MMS 全站仿真技术。基于实时数据库和多进程的全站 IED 仿真技术，支持最多 255 个 IED 装置同时仿真，同时支持 A、B 网仿真，系统扩展性强。IEC 104 同步验收主站：实现国标 IEC 104 协议的遥信、遥测、遥控、遥调功能，支持跨网段和多通道验收；全景扫描技术：实现遥信基于全站遥信的闭环扫描技术，获取 MMS 和 IEC 104 的映射关系。

### 4.4.4.4　技术要点

（1）调试前确保监控信息点表正确，装置依照监控信息点表顺序，按照自动验收校验规则自动触发遥信、遥测信号，与主站自动验收模块完成监控信息的自动核验。

（2）因变电站模拟主站调试装置启动 MMS 通信仿真与变电站内 IED 装置的 IP 一致，变电站模拟主站调试装置工作时不能与站内 IED 装置在同一网络上。

（3）变电站模拟主站调试装置需先添加 IP 地址白名单，将监控后台、远动装置的 IP 地址添加后进行实时连接。

（4）模拟主站与远动装置通过 IEC 104 通信协议通信时，采用跨网段通信，需按照主子站的 IP 进行配置通信参数。

#### 4.4.4.5 应用效果分析

（1）提高工作效率、缩短监控信息验收时长。该装置的应用将验收时长缩短 90% 以上，将数天工作时长缩短至几小时，大幅缩短监控信息验收、调试工期，减少了试验人员大量重复性工作，提高了工作效率。

（2）确保监控信息调试、验收质量。该装置能够实现全过程自动化完成监控信息校验，减少人为调试差错，实现了监控信息全回路、全信息验收，保证了验收质量。

# 4.5 预制舱变电站制造与验收

舱式变电站因建设工序的改变，将原先大量现场作业转移到工厂进行，所以厂内安装、调试环节的质量管控是需要重点关注的地方。本节从驻厂监造验收、现场安装验收、现场调试验收三个阶段进行描述。

## 4.5.1 舱式设备加工制造

#### 4.5.1.1 界面分工

预制舱内一、二次设备由设备厂家负责生产，通过流水线完成设备安装、二次接线、整机出厂调试和下线包装。设计单位由工程设计延伸至产品设计，联合设备厂家、舱体制造厂家深化设计舱体结构，便于设备在舱体内的安装、调试。

#### 4.5.1.2 生产制造

预制舱体制造主要分为舱体框架生产和舱体装修，舱体框架生产采用机械化精益生产，舱体装修标准化、集成化在工厂内安装。基于精益化智能加工生产线，通过计算机控制设备动作和能量输出，智能化完成生产加工任务，提高工作效率并确保工艺质量，全过程配备废气收集装置，绿色环保，工厂化集成流程图如图 4.5-1 所示。

（1）工厂化生产。一、二次设备工厂化集成在舱体内，使用叉车、平板车、地坦克、行吊等代替传统大量的人工作业，全面实现机械化转运、就位；降低劳动强度和安全风险，保障施工质量和效率。精益化智能加工生产线，针对下料、激光切割、数控冲床、数控剪板、数控折弯机、自动焊接、自动喷漆等环节工艺要求，通过对舱体结构优化、布局设计和实际安装操作后，明确质量标准和加工方案，制定一体化纤维水泥集成墙板通用技术条件、变电站预制舱安装及验收标准，制定预制舱标准化工法，实现厂内舱体加工自动化，提高工作效率，较少能源消耗。

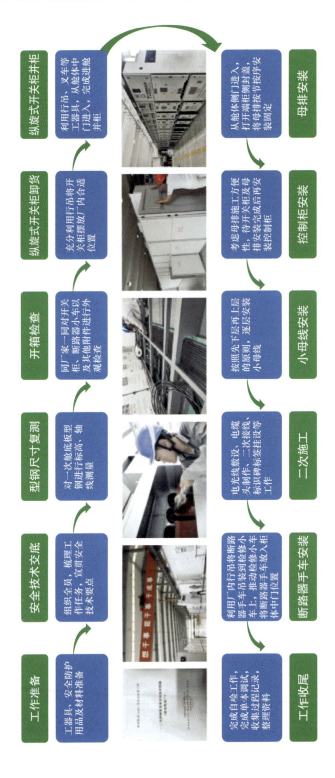

图 4.5－1　工厂化集成流程图

**工作准备**
工器具、安全防护用品及材料准备

**安全技术交底**
组织全员、梳理工作任务、宣贯安全技术要点

**型钢尺寸复测**
对一次舱底板型钢进行标高、轴线测量

**开箱检查**
同厂家一同对开关柜、断路器小车以及其他附件进行外观检查

**纵旋式开关柜卸货**
充分利用行吊将开关柜摆放厂内合适位置

**纵旋式开关柜并柜**
利用行吊、叉车等工器具，从舱体中门进入，从舱体进舱门进入，完成进舱并柜

**母排安装**
从舱体侧面门进入，打开端柜侧封盖将母排按节安装序按节固定

**控制柜安装**
考虑母排施工方便，待开关柜反母排安装完成后再安装控制柜

**小母线安装**
按照先下层再上层的原则，逐层安装小母线

**二次施工**
电光线敷设、电缆头制作、二次接线、标识牌标签挂设等工作

**断路器手车安装**
利用厂内行吊将断路器手车吊装到检修小车上，推动检修器手车将断路器手车放入柜体中门位置

**工作收尾**
完成自检工作、完成单车调试、收集过程记录、整理资料

通过工厂化生产、工厂化设备安装、工厂化设备接线、工厂化调试达到以下技术要求：

1）细化各施工工序，通过专业人员对接单项施工工序，"点对点"式施工，使工艺得到大幅改善。

2）材料得到了精准利用，余料、废弃物资集中进行回收处理，有效地实现了节能和环境保护。

（2）工厂化二次接线。良好的工厂环境也实现光纤链路设备、二次板卡无尘化安装。厂内完成设备单体试验、保护逻辑校验及传动、二次信号验证及保测装置等工作，将调试工作进一步前移。主要二次施工包括电缆敷设、电缆头制作、二次接线、标识牌标签挂设等。厂内开展二次施工可实现"放、卡、剥、做、接"流水线式作业模式，二次接线如图 4.5－2 所示。

图 4.5－2　二次接线

### 4.5.1.3　舱体框架生产

（1）框架生产流程。前框总成焊接→后框总成焊接→底结构焊接→外侧板焊接→总装→打砂→喷漆。

（2）前框总成焊接。前框总成焊接技术要点如下：

1）点焊固定上、下角件，端框，按图纸要求实施连续焊或间断焊。① 角件放置正确，角柱与角件连接处间隙一致；上、下角件不平行度允差 1.5mm。② 各零部件间焊脚宽为 3mm×3mm，零部件与角件连接处焊脚宽 4mm×4mm，角柱与角件连接处（外）焊脚宽 4mm×6mm。

2）前框拼装。① 定位宽度尺寸：理论尺寸 1～2mm 的收缩量；② 对角线误差不大于 2mm，平面度误差不大于 1mm；③ 冷机黏合应共面，误差不大于 0.5mm；④ 其他各零部件放置正确，无歪斜；⑤ 冷机框内部高度应为理论尺寸+2mm；⑥ 外角柱与侧板焊接边直线度应小于 1mm，且不得外翻。

3）前下横梁：① 零件放置正确，内下横梁无歪斜，为防止变形注意焊接顺序；② 毛地板支撑板放置正确，确保鹅颈槽与之无干涉现象。

4）平焊焊缝，过度圆弧焊焊缝焊脚高度为 1.5～2mm（特殊情况除外）。

5）冷机为上位装配，翻身工装应注意防止其下侧发生变形。

6）钻孔应根据冷机内档尺寸，调整好与之相适应的钻模定位尺寸，并注意调整上下、左右间隙的一致。

7）冷机螺母、电机螺母焊前必须进行预处理（清毛刺）；必须使用合格的定位销，施焊后定位销应与端面垂直；对无法焊接处必须作封胶处理。发电机挂角不歪斜，螺孔间距误差小于 2mm。

8）焊接参数：手工焊采用 Co 或 $Ar_2$ 保护气体，气流量 12～14L/min，MAG 焊机，电流 210～230A，电压 21～23V，送丝速度 50mm/s，使用 $\phi$1.0mm 焊丝。自动焊采用 MAG 焊机，电流 160～180A，电压 20～25V，送丝速度 50mm/s，保护气体混合比 $Ar:CO_2$=98%:2%，气流量 10～12L/min。① 母材为不锈钢时选取不锈钢焊丝，保护气体为氩气，纯度为 99.9%；② 母材为碳钢时，应选取碳钢焊丝，保护气体为二氧化碳，要求纯度为 99.5%。

（3）后框总成焊接。后框总成焊接技术要点如下：

1）定位尺寸：理论宽度尺寸 1～2mm 的收缩量。对角线误差不大于 2mm，平面度误差不大于 1mm。

2）各零部件间焊脚宽为 3mm×3mm，零部件与角件连接处焊脚宽 4mm×4mm，角柱与角件连接处（外）焊脚宽 4mm×6mm。平焊焊缝，过渡圆弧焊焊缝焊脚高度为 1.5～2mm（特殊情况除外）。焊缝饱满，焊脚宽度一致，角件周边焊缝不超角件。

3）角件放置正确，角柱与角件连接处间隙一致。① 点焊固定上下角件、角柱、门楣、门槛，按图纸检测尺寸，按图纸要求实施连续焊或间断焊。② 门胶条贴合面应共面，平面误差不大于 1mm。为确保门档尺寸误差为±2mm，必须使用内定位块；后角柱总成校直后直线度不大于 1mm，严禁外凸。③ 外角柱与外侧板焊接边直线度应小于 1mm 且不得外翻。内角柱与外角柱组焊需垂直，内翻应小于 2mm。④ 后角柱与角件下部间隙为 1.5mm。角柱两侧下铰链缺口中心至底部尺寸必须严控，误差允许±0.5mm。铰链搭销孔同轴度误差不大于 1mm。⑤ 翻身焊首先测量对角线误差，并注意焊接的先后顺序。

4）选配与之相配的标准门内框。① 配好门的锁杆，保证锁座与锁头间隙适中，位置正确；② 凸轮座应无歪斜贴实并处于同一直线上；③ 一般情况下，侧间隙17mm，下部间隙18mm；中缝尺寸误差不小于3mm，上部尺寸误差不小于2mm，应查找原因，并做出相应的调整。

5）焊接参数：手工焊采用 $CO_2$ 保护气体，气流量12～14L/min，MAG 焊机，电流 210～230A，电压 21～23V，送丝速度 50mm/s，使用 $\phi$1.0mm 焊丝。自动焊采用 MAG 焊机，电流 160～180A，电压 20～25V，送丝速度 50mm/s，保护气体混合比 Ar:CO$_2$=98%:2%，气流量 10～12L/min。① 母材为不锈钢时选取不锈钢焊丝，保护气体为氩气，纯度为 99.9%；② 母材为碳钢时，应选取碳钢焊丝，保护气体为二氧化碳，要求纯度为 99.5%。

（4）底结构焊接。底结构焊接技术要点如下：

1）当板厚小于 3mm，焊丝取 $\phi$1.0mm，当板厚不小于 3mm，焊丝取 $\phi$1.2mm。

2）当母材为不锈钢时，应选用不锈钢焊丝，保护气体为氩气，纯度 99.9%。

3）当母材为碳钢时，应选取碳钢焊丝，保护气体为二氧化碳，纯度为 99.5%。

4）当采用自动焊时，保护气体的混合比 Ar:CO$_2$=98%:2%。

5）焊脚宽度：中板的焊脚宽度为 3mm×3mm，薄板的焊脚宽度为其板厚或略宽于板厚 0.5～1mm。

6）各零部件放置正确且符合图纸尺寸要求。

7）端横梁组焊时，注意焊接方法，防止其扭曲；误差不大于 2mm。

8）端横梁与底横梁反变形，（波形板箱的结构）变形量为 4mm。

9）鹅颈槽组焊：各部件定位准确，两侧共面，鹅颈槽底部必须点焊 4 根工艺支撑。

10）波形板与鹅颈槽端面距离符合图纸要求。

11）C 形梁焊接时应注意鹅颈槽侧反变形。

12）对角线误差不大于 2mm。

13）鹅颈槽平整度必须得到保证，误差允许范围要求控制在 1～7mm（内凹）之内。

14）组装焊接：侧梁均以后端定位。

15）端横梁，底横梁焊角均不高于侧梁。

16）C 形梁、工字钢型箱与毛地板接触面平面度不大于 3mm。内档宽度尺寸公差为理论尺寸的 0～−2mm，长度误差范围控制在 −2～−4mm 的范围内，对角线误差不大于 2mm。

17）波形板与侧梁应无明显歪斜现象。

18）焊接参数：手工焊采用 $CO_2$ 保护气体，气流量 12～14L/min，MAG 焊机，电流 210～230A，电压 21～23V，送丝速度 50mm/s。自动焊采用 MAG 焊机，电流 160～180A，电压 20～25V，送丝速度 50mm/s，气流量 10～12L/min。

（5）外侧板焊接。外侧板焊接技术要点如下：

1）每个工作日开始焊接前，检查电流、电压、气压各项数值是否正常，排放分气包的积水，检查氩气孔是否通畅。

2）氩气压力小于 0.8MPa、二氧化碳压力小于 1～1.5MPa 时不允许使用。

3）为保证整张侧板对角线，主板采用掉头焊接方式弥补对角线误差。

4）TIG 焊接成型后长度尺寸误差在 0～+4mm 范围内。对角线误差小于 3mm，保证符合图纸尺寸的要求。尽量避免并严格控制补焊现象发生，一般 20′ 箱整块顶板补焊点不允许超过两处、40′ 箱整块顶板补焊点不允许超过三处，且补焊处长度不宜超过 50mm；对出现的补焊点，应及时打磨修补，补焊处与板面保持平整。

（6）总装。总装技术要点如下：

1）箱体定位装配：① 调整工装：底角件定位平面度小于 2mm；上下滑块侧定位面垂直度小于 2mm；顶、底、侧对角线误差小于 3mm；箱体尺寸要求：顶、底、侧对角线等尺寸，样箱 QC 全检，批箱 QC 每天首检。② 定位：锁紧前后端框，保证定位面与靠山贴实。③ 定位底结构：保证底侧梁平面度小于 3mm，底侧梁右侧必须与靠山贴实。④ 定位左右侧板：保证上下侧梁直线度小于 2mm，侧梁前后端到角件距离相等；上侧梁到角件距离符合图纸要求，并进行点焊；特别要求内侧板定位必须准确。⑤ 压实下侧梁（上）与下侧梁（下），并在箱内点焊，间距为 300mm。⑥ 对侧梁与角件、前后端门楣、门槛进行满焊，且做到侧梁与角件焊接应由下而上焊接（双面焊）。⑦ 顶实鹅颈槽并在进行定位焊。⑧ 检查鹅颈槽前端到角件的距离小于 4mm。⑨ 按图纸要求点焊前后端框加强板，检查各焊接部位，打磨平整并去除毛刺。

2）顶板定位装配：① 调整工装，保证气缸平台平面度小于 2mm；② 检查对角线误差小于 3mm；③ 按图纸要求画定位线，并点焊顶板四角；④ 调整侧梁直线度小于 2mm；点焊顶板四周，间距 50mm，注意烧伤保护。

3）底侧焊、顶板焊及侧立焊：① 调整自动焊机对下侧梁进行焊接，要求焊道饱满、无偏焊、漏焊等焊接缺陷；② 顶板定位后，顶梁与顶梁支撑须贴实、确保无间隙；③ 对外侧板进行自动焊接，注意防范内侧板烧伤，焊接要求：平、直、宽且无偏焊、漏焊等焊接缺陷；④ 用气缸压实外侧板，保证侧板与角柱无间隙；焊接要求：平、直、宽且无偏焊、漏焊等焊接缺陷。

4）辅助焊接：① 按图纸尺寸要求分别对加强板、鹅颈槽、门绳挂钩、电缆托架进行焊接，严格控制焊接质量；② 偶尔遇有焊接缺陷，操作者应及时打磨修补焊道、去除毛刺、飞溅。

#### 4.5.1.4 舱体装配

（1）舱体装配流程。舱内主要包括铝单板吊顶、地板铺设、门窗工程、墙板、水电安装等，施工以自上而下、先隐蔽后面板、先整体后局部为原则。

（2）墙板安装。舱体围护墙体主要采用纤维水泥板夹发泡混凝土轻质复合板墙体。做法从外到内依次为：9mm 纤维水泥装饰板＋40mm 岩棉＋40mm×40mm 方钢管走线空腔＋8mm 纤维水泥装饰板。

（3）线管暗敷施工。线管暗敷施工技术要点如下：

1）材料要求：① 凡所使用的阻燃型（PVC）塑料管，其材质均应具有阻燃、耐冲击性能，其氧指数不应低于 27%的阻燃指标，并应有检定检验报告单和产品出厂合格证。② 阻燃型塑料管，其外壁应有间距不大于 1m 的连续阻燃标记和制造厂厂标，管里外应光滑，无凸棱、凹陷、针孔、气泡；内外径尺寸应符合国家统一标准，管壁厚度应均匀一致。③ 所用阻燃型塑料管附件及暗配阻燃型塑料制品，如各种灯头盒、开关盒、接线盒、插座盒、端接受能力头、管箍头，必须使用配套的阻燃型塑料制品。④ 阻燃型塑料灯头盒，开关盒、接线盒，均应外观整齐，开孔齐全，无劈裂损坏等现象。⑤ 辅助材料：镀锌铁丝，专用粘结剂等。

2）定位弹线的控制要点：① 根据施工图要求，核对各种箱盒的设计标高、坐标的排列有无矛盾，核对后在要施工的墙体上确定出开关盒，插座盒，配电箱的正确位置进行画线顶点位；② 根据标高水平线用激光水平仪定出箱盒底标高的水平线，按定好的水平线用小线和水平尺量出箱盒的准确位置并根据箱盒的宽高各加30mm 标好尺寸画好线（注意考虑底盒与面板之间的误差）；③ 根据规范要求在墙面上确定布管管径、根数、管长，用长尺或木斗标出垂直管路，强弱电之间的管盒间距应大于 30mm；④ 同一墙面的箱盒应标高应一致，不得有误差，同一房间内的标高不得大于 5mm。

（4）吊顶顶棚。吊顶顶棚安装技术要点如下：

1）吊顶宜事先预排，避免出现尺寸小于 1/2 的块料。

2）根据吊顶的设计标高在四周墙上弹线，其水平允许偏差±5mm。沿标高线固定角铝，作为吊顶边缘部位的封口，角铝多用水泥钉固定在墙、柱上。

3）确定龙骨位置线及吊顶骨架的结构尺寸。

4）铝扣板饰面的基本布置：板块组合要完整，四围留边时，留边的四周要对称均匀，将安排布置好的龙骨架位置线画在标高线的上边。

5）吊杆、龙骨和饰面材料安装必须牢固。吊杆应采用预埋铁件或预留锚筋固定。在顶层屋面板严禁使用膨胀螺栓。

6）龙骨起拱高度不小于房间面跨度的 1/200。主龙骨安装后应及时校正位置及高度。

7）吊杆应通直并有足够的承载力。当吊杆需接长时，必须搭接焊牢，焊缝均匀饱满，防锈处理，吊杆距主龙骨端部不得超过 300mm，否则应增设吊杆，以免主龙骨下坠，次龙骨（中龙骨或小龙骨下同）应紧贴主龙骨安装。

8）全面校正主、次龙骨的位置及水平度。连接件应错位安装，检查安装好的吊顶骨架，牢固可靠，符合有关规范后方可进行下一步施工。

9）安装方形铝扣板时，把次龙骨调直，扣板平整，无翘曲，吊顶平面平整误差不得超过 5mm，饰面板洁净，色泽一致，无翘曲、裂缝及缺损。压条应无变形、宽窄一致，压条宽度 30～50mm，安装牢固、平直，与吊顶和墙面之间无明显缝隙，与墙面结合处采用密封胶封闭。

（5）地板安装。地板安装技术要点如下：

1）在地面上进行找平施工。

2）把地面基层清理干净。

3）把防潮膜铺设在地面基层上，拼接处需用胶带粘贴在一起。

4）在地面基层上进行试铺。

5）正式开始铺设地板，而每一块地板都需卡在之前地板的凹槽内。

6）查看和验收铺设效果。

7）采取保护措施。

（6）铝合金窗安装。铝合金窗安装技术要点如下：

1）窗户安装完成后宜进行淋水试验。

2）窗户安装顺序：窗框安装，对角校正平整度，窗户安装，打胶。

3）窗应采用塑料胶带粘贴保护，分类侧放，防止受力变形。

4）窗装入洞口应横平竖直，外框与洞口应弹性连接牢固，不得将窗外框直接埋入墙体。

5）窗框与墙体间空隙填充：窗洞口应干净、干燥后连续施打发泡剂，一次成型，充填饱满，溢出窗框外的发泡剂应在结膜前塞入缝隙内，防止发泡剂外膜破损。留缝宽度 5～8mm，用硅酮耐候胶密封。

（7）灯具安装。各型灯具的型号，规格必须符合设计要求和国家标准的规定。灯内配线严禁外露，灯具配件齐全，无机械损伤、变形、油漆剥落、灯罩破裂、灯箱歪翘等现象，所有灯具应有产品合格证；照明灯具使用的导线其电压等级不应低于交流 750V，其最小线芯截面积应符合规范的要求；灯座无机械损伤、变形、破裂等现象；塑料台应有足够的强度，受力后无弯翘变形等现象；其他配件应与灯具配套进场，固定配件表观无破损，质量满足要求。

（8）室内配电箱、开关及插座安装。配电箱箱体应有一定的机械强度，二层底板厚度≥1.5mm，附有产品合格证。开关、插座应附有产品合格证、"CCC"认证标识，防爆型必须具有防爆标识。配电箱安装应将箱体的标高、水平尺寸控制好，箱体下沿安装高度统一，箱体固定牢靠。同一交流回路的导线必须穿于同一管内，不同回路、不同电压和交流、直流的导线，不得穿入同一管内。箱内设备应满足：断路器额定值大于被保护回路计算电流，线路载流量大于断路器额定电流。采用双门低压配电箱，正常照明配电箱的零线应就近接地。

### 4.5.1.5　舱体辅助系统装配

（1）图像监控系统装配。在预制舱制作过程中，预先预留摄像头位置，并根据摄像设备的特点，进行固定及设计预留孔洞形状，并且做好缝隙封堵。预先设计通信线走向并预留埋管，埋管预留遵循不破坏舱体受力结构件、与舱体门不产生矛盾的原则。通信线应根据设备及线路走向事先检查并做标记、通信线敷设时采取防护措施，不受损伤，布置规范、工艺美观。

（2）火灾报警系统装配。在预制舱在制作过程中，事先设计火灾报警传感器的安装位置，并预留安装空洞或固定件，烟感、温感传感器的安装符合相关消防规定，传感器应安装在具有代表性并能有效采集环境温度及烟雾的位置。动力电缆必须敷设感温线，感温线与动力电缆上层之间敷设，间距及感温线型号符合相关要求，并将信号传送至火灾报警后台。

（3）照明系统装配。在预制舱在制作工程中，事先设计照明设备的安装位置，根据舱体的面积及高度，达到舱体内的照明要求，照明箱的位置、应急照明箱的位置应合理设置，并方便使用。照明电缆在桥架内应排列整齐，走向合理，不宜交叉，电缆敷设顺序符合设计要求。电缆敷设应及时固定，并在电缆两端装设临时标识牌。电缆转弯处电缆弯曲弧度一致、过渡自然，无交叉。

（4）通风空调系统装配。在预制舱制作过程中，事先确定空调内机的安装位置及空调水管制冷剂管道的走向位置，确保在加工过程一次成型。避免此类问题遗留给施工现场，因为第一无法保证舱体的整体性，第二现场处理此类问题可能会涉及切割、开孔等方法，造成不美观或舱体锈蚀。通风空调系统的湿度计、温度计设置应合理，位置应便于埋管敷设，保证数量及位置的正确性尤为重要。水温检测器依照设计要求在舱体内电缆沟内设置，设置位置不宜过低或过高，保证在有效高度范围内，并将信号传输至后台。

### 4.5.2　驻厂监造验收

驻场监造工作任务以设备安装及单体设备试验为主，重点把控舱体加工质量、二次电缆施工工艺、开关柜耐压、二次设备单体及传动。相关舱体固定、外部电源接入工艺、分系统调试、自动化部分和通信部分设备调试等仍需在施工现场完成，这部分工作由现场监理开展。

#### 4.5.2.1　设联会阶段

在设联会前期查阅技术规范，熟悉预制舱式变电站的技术特点和质量管控重点。全程参与设备舱设联会，对于存在异议的部分及时提出意见并反馈。

#### 4.5.2.2　舱体的生产加工阶段

舱体的生产加工阶段应符合下列要求，具体驻厂监造项目任务如下。

（1）检查主体结构的焊接质量工艺是否满足技术规范书及标准工艺的要求。

（2）检查焊接人员是否持有焊工证。

（3）检查焊接焊缝是否进行检测，是否有合格的检验报告。

（4）检查舱体高强螺栓连接部分，是否送检，是否满足力矩紧固要求。

（5）检查整体结构防腐、油漆喷涂工艺是否满足技术规范书及标准工艺的要求。

（6）墙板及内部辅助设施安装的质量工艺控制。

（7）各种材料的质量保证文件的完整性是否符合技术规范书和规范的要求。

#### 4.5.2.3　舱内设备安装前

舱内设备安装前应进行如下检查：

（1）进场设备开箱检查。

（2）审查相关材料是否合格。

#### 4.5.2.4　舱内设备安装阶段

检查开关柜安装二次屏柜安装、柜顶小母线制作安装、二次接线、电缆光缆敷设、电缆头制作等是否符合标准规范要求，参照技术规范书及标准工艺的要求，填写施工记录以及施工验评报告。

#### 4.5.2.5　舱内设备调试阶段

在开展调试之前提前梳理设备的结构特点，审核调试方案中关于设备的试验方法是否合理可行。在过程中关注试验参数是否合适，采用的试验电压、加压时间、接线方式是否正确，防止因错误的试验手法导致设备损坏。试验完成后及时检查试验数据是否符合厂家及规程要求，测试值在规定范围内。厂内监造项目如下。

（1）互感器：绝缘电阻测试、测量绕组的直流电阻、检查接线绕组组别和极性、误差及变比测量、测量电流互感器的励磁特性曲线、测量电磁式电压互感器的励磁特性。

（2）断路器：测量绝缘电阻；测量每相导电回路的电阻；测量断路器的分、合闸时间，测量分、合闸的同期性，测量合闸时触头的弹跳时间；测量分、合闸线圈及合闸接触器线圈的绝缘电阻和直流电阻。

（3）充气式开关柜：$SF_6$ 微水试验、$SF_6$ 纯度试验、密度继电器校验、导电回路的电阻。

（4）氧化锌避雷器：测量金属氧化物避雷器及基座绝缘电阻、测量金属氧化物避雷器直流参考电压和 0.75 倍直流参考电压下的泄漏电流、检查放电计数器动作情况及监视电流表指示。

### 4.5.2.6 开关柜耐压试验

舱式变电站开关柜耐压试验是检查设备绝缘强度的有效手段，也是决定设备是否能够出厂的关键试验点，测试流程及试验参数应满足下列要求：

（1）开关柜耐压试验应在设备安装及常规试验结束以后开展。

（2）开关柜耐压试验前需以主变压器间隔为基准核对各间隔相序是否一致。

（3）耐压试验前应将电流互感器二次线短接接地，防止耐压试验过程二次开路造成设备损坏。

（4）充气式开关柜试验前应加装试验套管，并对其他间隔电缆终端接头使用绝缘塞封堵。

（5）充气式开关柜涉及的出线及电容器电缆应在电缆终端安装完毕后带着开关柜一起进行耐压试验，这样才能完全考验电缆安装质量。

（6）纵旋式开关柜可以直接进行耐压试验，试验时由于各出现断口为纵向布置，高压试验线空间距离不足，应从母线处加压。

（7）开关柜耐压试验应安装出厂值得 80%开展，工频状态下持续 1min 无闪络放电则视为通过。

### 4.5.2.7 二次装置单体调试及传动

舱式变电站二次装置单体调试及传动是检验厂家二次设备逻辑及二次线施工工艺的有效手段。流程及试验参数应满足下列要求：

（1）装置的配置、型号、参数与设计相符。

（2）主要设备、辅助设备的工艺质量良好。

（3）压板、按钮标识与设计相符。

（4）端子排、装置背板螺丝已紧固。

（5）装置电源上电自检应正常、键盘操作及液晶显示正常。

（6）装置告警回路应正常输出、打印应能正常打印。

（7）程序版本、校验码与设计一致。

（8）二次装置采样幅值误差符合要求，角度误差符合要求。

（9）二次装置开入量检查正确，所有开入均可正常变位。

（10）保护装置内部逻辑动作可靠，报文时间满足要求。

（11）保护装置动作出口正常，断路器跳合闸可靠动作。

具体详细的一次设备验收方法采用标准作业卡，见附录 A；二次设备功能验收方法见附录 B。

#### 4.5.2.8　设备舱出厂前

设备舱出厂前应进行如下检查：

（1）检查设备舱整体结构是否形变，漆面是否完整无破损，防水、防火性能是否满足要求。

（2）检查设备舱管线布设工艺是否满足标准工艺要求，装饰装修工艺是否合理美观。

（3）对舱体和内部设备开展出厂前的全面验收。

（4）各种型式检测报告完整性是否符合技术规范书和规范的要求。

（5）舱式变电站二次接线应满足下列要求：

1）柜内的电缆芯线，顺直后排列整齐。

2）每根电缆应单独成束绑扎，成排电缆应绑扎紧密，扎带间距统一（15～20cm），成排电缆的扎带应顺序扣接在一起，扎带的接头应转在内侧。

3）采取线槽接线方式的屏柜，每根电缆的芯线也应单独成束引入槽盒。

4）电缆芯线沿端子排自上而下顺序接入，应保证芯线横平竖直、整齐美观。

5）芯线 90° 折弯引接入端子排时，应保证芯线横平竖直、间距一致、整齐美观；芯线 "S" 弯接入端子排时，要求弧度自然、一致，芯线保持水平。

6）螺栓式端子，接线鼻弯制方向与紧固方向相同，大小与螺栓保持一致，两根芯线并接时，中间应加平垫片。

7）电缆芯线和内部配线端部均应标明其回路编号，编号应正确，字迹应清晰且不宜脱色。

8）多股芯线接线时，应使用与芯线匹配的线鼻，压接牢固。

9）每个接线端子不得超过两根接线，不同截面芯线不容许接在同一个接线端子上。

10）配线应整齐、清晰并标识。

### 4.5.3　现场安装验收

#### 4.5.3.1　舱体的就位及检查

舱体的就位安装过程，应检查如下：

（1）吊装就位后，应观察舱体的水平度和垂直度，检查舱体中线是否与基础中线处于同一条线。

（2）舱内屏柜开箱检查：应检查舱体外壳有无破坏；盘、柜面是否平整，门销开闭是否灵活，照明装置是否完好，盘、柜前后标识齐全、清晰。

（3）吊装就位后必须对底座需要焊接的进行找正并可靠焊接，舱体与基预埋件接地良好，可开启柜门用软铜导线可靠接地。

#### 4.5.3.2　预制舱检查验收

预制舱到达现场以后仍需接入外部信号及动力电源，相关验收要求参见4.5.2.3、4.5.2.4、4.5.2.8。

#### 4.5.3.3　开关柜耐压

预制舱到达现场以后仍需再次检查开关柜绝缘情况，相关验收要求详见4.5.2.6。

## 4.6　舱式设备运输

### 4.6.1　尺寸要求

针对整舱式设备标准化集成，最关键限制条件是舱体外形尺寸，该尺寸主要受限于运输车辆和道路的要求。

根据《超限运输车辆行驶公路管理规定》（中华人民共和国交通运输部令2021年第12号，简称《规定》），满足以下之一均为超限车辆：① 车货总高度从地面算起超过4m；② 车货总宽度超过2.55m；③ 车货总长度超过18.1m。

《规定》第十条：车货总高度从地面算起超过4.5米，或者总宽度超过3.75米，或者总长度超过28米，或者总质量超过100000千克，以及其他可能严重影响公路完好、安全、畅通情形的，还应当提交记录载货时车货总体外廓尺寸信息的轮廓图和护送方案。

护送方案应当包含护送车辆配置方案、护送人员配备方案、护送路线情况说明、护送操作细则、异常情况处理等相关内容。

《规定》第十五条：（二）车货总高度从地面算起未超过 4.5 米、总宽度未超过 3.75 米、总长度未超过 28 米且总质量未超过 100000 千克的，属于本辖区内大件运输的，自受理申请之日起 5 个工作日内作出，属于统一受理、集中办理跨省、自治区、直辖市大件运输的，办理的时间最长不得超过 10 个工作日；

（三）车货总高度从地面算起超过 4.5 米，或者总宽度超过 3.75 米，或者总长度超过 28 米，或者总质量超过 100000 千克的，属于本辖区内大件运输的，自受理申请之日起 15 个工作日内作出，属于统一受理、集中办理跨省、自治区、直辖市大件运输的，办理的时间最长不得超过 20 个工作日。

公路运输车辆可选择"哥德浩夫 10 轴线"半挂平板车，为液压平板车。该平板车由 1 部鹅颈、1 台 2 纵列 4 轴线单元车和 1 台 2 纵列 6 轴线单元车组合成 2 纵列 10 轴线半挂平板车。

该车还具有轮轴负荷均匀、转弯半径小、倒车方便等特点，在上下坡道和斜坡上行驶时可以调整车身，保证货台水平，避免在装载高重心货物时有倾覆的危险。该平板车的最低行驶高度为 0.875m，在不超过 4.5m 高情况下，预制舱高度为 3.6m，满足要求。

我国收费车道早期采用 3.0m 较普遍，但由于我国重车比例偏大、车辆载货超宽等原因，在收费站侧刮收费亭的现象经常发生，现阶段右侧最外侧通道多采用 4.0m，近期由于大型特殊车辆逐步增加，现多逐步调整为 4.5m，满足整舱及拼舱运输要求。

根据《电力大件运输规范》（DL/T 1071—2014），电力大件按外形尺寸和质量可分四级，按其长、宽、高及质量四个条件之一中级别最高的确定，见表 4.6-1。

表 4.6-1　　　　　　　　　　电力大件分级标准

| 电力大件等级 | 电力大件长度（m） | 电力大件宽度（m） | 电力大件高度（m） | 电力大件质量（t） |
| --- | --- | --- | --- | --- |
| 一级电力大件 | 14≤长度<20 | 3.5≤宽度<4.5 | 3.0≤高度<3.8 | 20≤质量<100 |
| 二级电力大件 | 20≤长度<30 | 4.5≤宽度<5.5 | 3.8≤高度<4.4 | 100≤质量<200 |
| 三级电力大件 | 30≤长度<40 | 5.5≤宽度<6.0 | 4.4≤高度<5.0 | 200≤质量<300 |
| 四级电力大件 | 长度≥40 | 宽度≥6.0 | 高度≥5.0 | 质量≥300 |

预制舱式设备舱属于一级电力大件。

舱式设备（14m）长度运输转弯半径及平板车造价，桥梁涵洞，乡村小道运输条件的影响，只定性不定量。

运输设备长 14m，需选用 14m 以上半挂，通行要求 4.5m 宽路面及 15m 的转弯半径。乡村村村通道路宽度一般在 2～5m 范围，不满足要求路面已经弯道需拓宽并硬化路面，移除转弯半径内的树木、线杆等障碍物。桥梁涵洞的通过性需要根据桥梁情况以及运输重量来判断，桥涵需经过桥梁设计单位或者专业的桥梁检测单位检测后判断是否满足同行需求。

根据上述分析，综合考虑并留有一定裕度，预制舱式设备宽度设置为 3.5m，长度不大于 14m。

## 4.6.2　安全措施

由于舱式设备重心较高，因此行驶时特别要注意路面的横向坡度，居中慢速行驶，以保安全。

运输过程中需要采取以下措施：

（1）基本安全要点。

1）运输设备车辆需要停车检查时应选择宽敞、坚实的路面停留，并在车辆的前后设明显的停车标识。

2）运输车辆在通过火车道口、隧道、堤坝、修筑路面等狭窄路面时，应慢速通过。

3）在停车例行检查、维修，封阻道路和委派专人在地面指挥时，要有专职安全监护人员进行监护，避免发生交通事故。

4）上路前，应在设备的外缘装设警示灯或其他警示标识，不允许在未采取任何措施的情况下进行公路运输。遇强雨雪、大雾天气或能见度较低时，禁止运输车辆上路行驶。

5）车辆需要停车时，在车辆后方 100～150m 处设置警告标识。如果车辆有油污泄漏，应及时采取适当措施予以处理，避免污染路面。

6）在路上行驶，应当与前车保持足够以采取紧急制动措施的安全距离，严禁急刹车。

（2）行车速度控制。

1）在高速公路上行驶时，车速控制在 60km/h 范围内；在路中没有隔离带的国道、省道上行驶时，车速控制在 60km/h 范围内，遇到路面不好、上下坡和转弯路段时速度应保持在 20km/h 以内，遇有铁路道口、狭窄路段、道路障碍时，应慢速行驶。

2）车辆每行驶不超过 40km，应停车对设备、车辆全面检查一次。高速公路应在服务区内进行检查。检查内容为：设备的捆绑是否松动，车辆的灯光、轮胎、制动等是否正常，如发现异常应及时采取措施，确保运输车辆处于良好状态，设备捆绑符合要求。

3）遇到较大的坡度时，应用最低速度行驶。

（3）特殊路段处理。

1）高速公路上行驶时如遇突发故障需要临时停车，要按高速公路有关规定设置明显警示标识，修理、监护人员必须穿戴反光背心，其他人员严禁在高速公路上随意活动。

2）沿途穿过电力线、通信线和广播线等障碍时，应减速行驶，并保持对电力线路的安全距离，如妨碍安全通行应由清障人员采取措施后方可通过。清障人员应佩戴绝缘手套、绝缘鞋，用绝缘撑杆做撑挑处理，高空作业人员必须戴安全带、并采取可靠的保护措施。

3）通过桥梁、涵洞等高空障碍时，必须有专人指挥和观察，牵引车应放慢车速，确保安全通过。

# 典 型 案 例

本章介绍国网安徽省电力有限公司（简称国网安徽电力）三个不同电压等级的四个工程实践案例。其中前三个案例是三个不同电压等级舱式变电站的创新实践，第四个案例是前三个工程技术创新的应用。

## 5.1 220kV 变电站新建工程

220kV 新建变电站工程位于某产业园区内，园区内主要以硅产业集群为主。园区现有负荷 60.6MW，在建项目 315MW。该园区目前由某 220kV 变电站供电，该变电站 2020 年最大负荷为 200MW，其中产业园约 60MW 完全由该变电站供电。随着园区负荷的发展，该变电站已无法满足园区供电需求，同时园区内企业大面积使用屋顶光伏，除满足自身需求外，大量倒送至电网内；周边光伏发电站及风电场持续增长。截至 2022 年 12 月，该区域已接入新能源装机容量 170.8MW，拟接入新能源装机容量 233.15MW。因此，迫切需要新增 220kV 变电站以满足负荷增长及新能源接入需求。

220kV 新建变电站于 2021 年 12 月 9 日开工建设，2022 年 12 月 22 日竣工投产。

### 5.1.1 技术方案

工程主变压器本期 2 台，终期 3 台，主变压器额定容量 180MVA；本期 220kV 出线 6 回，远期 8 回出线，采用双母线单分段接线，选用户外 GIS；110kV 出线 8 回，远期 14 回出线，采用双母线单分段接线，选用户外 GIS；10kV 出线 16 回，远期 24 回出线，采用单母线分段接线，选用预制舱式纵旋式开关柜；无功补偿本期为 4 组 8Mvar＋4 组 6Mvar 电容器，远期配置 6 组 8Mvar＋6 组 6Mvar 电容器，采用预制舱式电容器。

220、110kV 配电装置分别布置在南北侧，架空出线；10kV 开关柜及接地变压器装置布置站区中部，10kV 电容器一字形布置于站区西侧；二次设备、消防泵房及辅助用房均采用舱式就地化布置，布置在站区东侧。变电站布局图如图 5.1－1 所示。

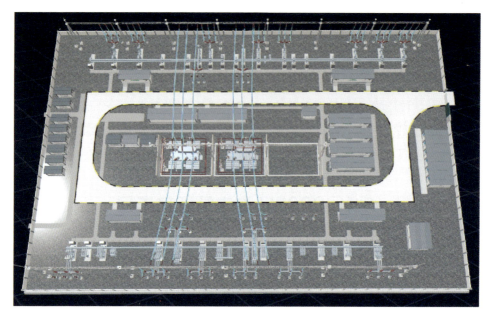

图 5.1－1  变电站布局图

## 5.1.2  主要特点

### 5.1.2.1  技术特点

全站共使用预制舱 29 个，具体如表 5.1－1 所示。

表 5.1－1                                全站预制舱使用情况

| 序号 | 舱体类型 | 舱体名称 | 数量 | 三维模型 |
|------|----------|----------|------|----------|
| 1 | 10kV 设备舱 | 10kV 开关柜舱 | 2 | |

续表

| 序号 | 舱体类型 | 舱体名称 | 数量 | 三维模型 |
|------|----------|----------|------|----------|
| 2 | 10kV 设备舱 | 开关柜检修舱 | 1 | |
| 3 | | 接地变压器舱 | 2 | |
| 4 | | 电容器舱 | 8 | |
| 5 | 二次舱 | 220kV 间隔层舱 | 1 | |
| 6 | | 110kV 间隔层舱 | 1 | |
| 7 | | 主变压器间隔层舱 | 1 | |
| 8 | | 站控层设备舱 | 1 | |

| 序号 | 舱体类型 | 舱体名称 | 数量 | 三维模型 |
|---|---|---|---|---|
| 9 | 二次舱 | 通信设备舱 | 1 | |
| 10 | | 直流电源舱 | 1 | |
| 11 | | 交流电源舱 | 1 | |
| 12 | | 蓄电池舱 | 1 | |
| 13 | 辅助用房 | 警卫室 | 1 | |
| 14 | | 安全工具室 | 1 | |
| 15 | | 资料室（兼应急操作间） | 1 | |

| 序号 | 舱体类型 | 舱体名称 | 数量 | 三维模型 |
|---|---|---|---|---|
| 16 | 辅助用房 | 会议室 | 1 | |
| 17 | | 防汛器材室 | 1 | |
| 18 | | 卫生间 | 1 | |
| 19 | | 消防泵控制室 | 1 | |
| 20 | | 楼梯间 | 1 | |
| 21 | 合计 | | 29 | |

（1）主变压器：主变压器布置在变电站中心区域，主变压器场区纵向尺寸较通用设计优化 8.5m。主变压器低压侧进线采用"绝缘母线/电缆＋下进线"方式。

（2）10kV 设备：10kV 侧共设置 2 座 10kV 开关柜预制舱，预制舱之间通过绝缘铜管母线进行连接。在开关舱端部设置 1 套检修舱，实现开关柜柜内设备就地检修。开关柜应用纵旋柜，宽度为 650mm；站内设置 2 套站用接地变压器预制舱、8

套电容器预制舱，按功能分区集中布置。电容器采用舱式一体化设备，尺寸为 5.4m×2m，较通用设计中电容器成套装置（尺寸为 6.5m×4m）占地减少 15.2m²（约 58%）。

（3）二次设备：全站取消二次设备室建筑物，将通信设备、蓄电池、保护设备全部设备入舱布置，共计使用预制舱式二次组合设备 8 个。相较于通用设备方案，主变压器间隔层设备靠近一次设备布置，便于一二次设备线缆连接。站控层设备、通信设备、电源系统设备入舱布置，在舱式设备集成厂家完成舱内设备安装及连线、调试等工作，减少了现场安装调试工作量，如表 5.1-2 所示。

表 5.1-2　　　　　　　　全 站 设 备 集 成 情 况

| 序号 | 子系统 | 设备名称 | 数量 | | | | | | |
| --- | --- | --- | --- | --- | --- | --- | --- | --- | --- |
| | | | 主控及公用二次设备舱段1 | 主控及公用二次设备舱段2 | 主变压器及110kV二次设备舱段 | 电源系统舱 | 一次设备舱 | 电容器舱 | 辅助用房 |
| 1 | 安全防范 | 安防监控终端 | — | 1 | — | — | — | — | — |
| 2 | 门禁控制 | 门禁控制器 | 1 | 1 | — | — | 1 | — | 1 |
| | | 读卡器 | 2 | 2 | 2 | 2 | 2 | — | 2 |
| | | 开门按钮 | 2 | 2 | 2 | 2 | 2 | — | 2 |
| | | 电磁锁 | 2 | 2 | 2 | 2 | 2 | — | 2 |
| 3 | 动环监控 | 动环监控终端 | — | 1 | — | — | — | — | — |
| | | 电缆沟积水监测 | 1 | 1 | 1 | 1 | 1 | — | 1 |
| | | 温/湿度传感器 | 2 | 2 | 2 | 2 | 2 | 1 | 2 |
| | | 空调控制器 | 2 | 2 | 2 | 2 | 2 | — | 2 |
| | | 灯光控制器 | — | 2 | — | — | — | — | — |
| 4 | 视频监控及巡视 | 可视对讲后台机 | — | 1 | — | — | — | — | — |
| | | 摄像机—小室 | 2 | 2 | 2 | 2 | 2 | — | 2 |
| | | 硬盘录像机 | — | 2 | — | — | — | — | — |
| | | 硬盘 | — | 2 | — | — | — | — | — |
| | | 二层交换机 | — | 2 | — | — | — | — | — |
| | | 显示器 | — | 1 | — | — | — | — | — |
| | | 光网转发设备 | — | 3 | — | — | — | — | — |

续表

| 序号 | 子系统 | 设备名称 | 数量 | | | | | | |
|---|---|---|---|---|---|---|---|---|---|
| | | | 主控及公用二次设备舱段1 | 主控及公用二次设备舱段2 | 主变压器及110kV二次设备舱段 | 电源系统舱 | 一次设备舱 | 电容器舱 | 辅助用房 |
| 5 | 声纹监测 | 声纹主机 | — | 1 | — | — | — | — | — |
| 6 | 巡检机器人 | 挂轨机器人 | — | — | — | — | 1 | — | — |
| 7 | 火灾自动报警系统及接入 | 火灾报警控制器 | — | 1 | — | — | — | — | — |
| | | 智能型光电感烟探测器 | 2 | 2 | 2 | 2 | 2 | 1 | 2 |
| | | 手动火灾报警按钮 | 2 | 2 | 2 | 2 | 2 | — | 2 |
| | | 声光报警器 | 2 | 2 | 2 | 2 | 2 | — | 2 |
| | | 编码底座 | 4 | 4 | 4 | 4 | 4 | — | 4 |
| | | 火灾显示盘 | — | 1 | — | — | — | — | — |
| | | 消防应急广播 | — | 1 | — | — | — | — | — |
| | | 消防电话 | — | 1 | — | — | — | — | — |
| | | 消防电源切换箱 | — | 1 | — | — | — | — | — |
| | | 消防信息传输控制单元 | — | 1 | — | — | — | — | — |
| | | 消防通信板卡 | — | 1 | — | — | — | — | — |
| 8 | 舱可视化 | 可视化监控主机 | 1 | 1 | 1 | 1 | — | — | — |
| 9 | 一体化运维管控平台 | 管理服务器 | — | 1 | — | — | — | — | — |
| | | 智能分析GPU服务器 | — | 1 | — | — | — | — | — |
| | | 存储服务器 | — | 1 | — | — | — | — | — |
| | | Ⅰ、Ⅱ区接入节点服务器 | — | 2 | — | — | — | — | — |
| | | 综合应用主机 | — | 1 | — | — | — | — | — |
| | | 站端工作站 | — | 1 | — | — | — | — | — |

（4）辅助用房：辅助用房均采用生产辅助舱，站内共计8个舱体，分别为警卫室、安全工具室、资料室、会议室、防汛器材室、卫生间、消防泵控制室和雨淋阀楼梯间，如图5.1-2所示。

图 5.1－2　辅助用房实景图

　　整舱工厂化预制，将舱体结构、墙地面及吊顶装饰、强弱电系统及相关设备面板等悉数集成，在厂内通水通电，通过业主及设计单位验收后，才最终发至现场，即装即用，如表 5.1－3 所示。

表 5.1－3　　　　　　　　　　　辅 助 用 房 使 用 情 况

| 序号 | 功能 | 舱体名称 | 数量 | 备注 |
|------|------|---------|------|------|
| 1 | 辅助用房 | 警卫室 | 1 | — |
| 2 | | 安全工具室 | 1 | — |
| 3 | | 资料室（兼应急操作间） | 1 | |
| 4 | | 会议室 | 1 | |

| 序号 | 功能 | 舱体名称 | 数量 | 备注 |
|---|---|---|---|---|
| 5 | 辅助用房 | 防汛器材室 | 1 | — |
| 6 | | 卫生间 | 1 | |
| 7 | | 消防泵控制室 | 1 | |
| 8 | | 楼梯间 | 1 | — |

全站主要技术 14 项，具体如表 5.1 - 4 所示。

表 5.1 - 4 技 术 应 用 清 单

| 序号 | 技术名称 | 技术特色 | 索引章节 |
|---|---|---|---|
| 1 | 三类标准二次设备机架技术 | 二次设备机架具体尺寸方案，机架技术细节 | 2.3.2.1 |
| 2 | 四层四色电缆敷设技术 | 使用四层四色电缆敷设技术，整合划分不同线缆走线空间，规划不同敷设空间整体配色方案，方便建设及后续的运维检修工作 | 2.3.2.2 |
| 3 | 精准送风技术 | 每组机架设置独立稳控风扇系统 | 2.3.2.3 |
| 4 | 机架智能防误系统 | 采用基于站内边缘物联管理平台的智能锁控设备及机架防误闭锁结构，有效避免现场误触误碰及走错或误入间隔 | 2.3.2.4 |
| 5 | 保护/测控智能冗余 | 110kV 线路配置 1 套冗余保护装置，有效提高单套配置保护间隔的运行可靠性 | 2.3.4 |

| 序号 | 技术名称 | 技术特色 | 索引章节 |
|---|---|---|---|
| 6 | 舱体与基础连接 | 采用可调节螺栓安装：设备舱底框预留螺栓椭圆长孔，与基础之间通过可调节螺栓（埋件＋螺栓限位盒）进行连接，提高机械化安装效率，避免现场焊接和防腐作业 | 3.2.3.2 |
| 7 | 装配式围墙 | 围墙方案采用钢柱和预制墙板。墙板采用纤维水泥复合条板，轻便、环保、工艺质量统一，现场施工工期短，无污染 | 2.1.3.1 |
| 8 | 装配式混凝土防火墙 | 装配式混凝土防火墙主要由预制混凝土柱、预制墙板和封口梁组成。梁柱节点位置采用现浇处理。整体耐火极限大于3.00h | 2.1.3.2 |
| 9 | 标准化小型预制构件 | 包括预制压顶、预制小型基础、预制电缆沟盖板等 | 2.1.3.3 |
| 10 | 成品构筑物 | 包括一体化雨水泵池、成品化粪池、成品消防棚等 | 2.1.3.4 |
| 11 | 220kV GIS 双断口隔离开关 | GIS 备用间隔增设 1 组隔离开关，与母线隔离开关构成双隔离断口，可实现 GIS 在扩建施工及耐压试验全过程均不需要停运行母线，保障电网安全可靠运行 | 2.2.3.2 |
| 12 | 预制舱式 10kV 开关柜设备 | 10kV 预制舱代替配电装置室，在厂房内与开关柜完成组装，设备运至现场后进行吊装就位，相比配电装置室，可有效提高设备集成度，减少占地面积，缩短施工周期，更加绿色环保 | 2.2.1.1 |
| 13 | 10kV 纵旋式开关柜 | 柜内设备采用纵向布置，柜宽较常规空气绝缘柜体尺寸小；柜内设备可通过柜前通道进行安装运维，柜后可靠墙布置，适用于预制舱内布置 | 2.2.1.2 |
| 14 | 绝缘铜管母线 | 全绝缘屏蔽铜管母线导体采用优质无氧铜管，其外绝缘采用多层电容屏蔽绝缘结构，具有表面电流密度分布均匀、结构简单、布置灵活、安装方便、维护工作量少等优点 | 3.2.1.1 |

#### 5.1.2.2　管理特点

（1）组织模式管理。省级公司下发了《国网安徽省电力有限公司关于成立模块化变电站"皖电智造"工作领导小组的通知》，贯彻矩阵式管理核心，自上而下发挥领导力作用。领导小组组织开展绿色建造技术体系研究，组织"皖电智造"关键技术、专项课题研究，推动设计方案深化，总结、提炼"皖电智造成果，固化相关标准、规范等标准化成果，建立模块化变电站"皖电智造"技术标准体系。

省级公司成立柔性技术攻关团队，囊括设计、运行、设备、调度、通信、施工等各专业专家、技术能手，以建设、运维实际问题为导向，广泛调研各设备厂家的技术力量现状，定期与设计单位进行会商，集中技术攻关团队力量，攻关在设计阶段打的"卡脖子"难题，在设备选型、结构优化、标准完善、资源节约等方面为工程建设提供强有力技术支撑。

（2）招投标管理。针对本次设备与舱体高度集成化的特点，设计单位调整设计思路，以集成舱式设备一体化产品为导向，统筹设备与舱体布置，解决传统设备、舱体各成一体最后拼凑带来的不便。相较于传统一次设备，舱式设备一体化设计，设备、预制舱、辅控系统等高度集成，工厂内生产、安装、集成、调试，模块化布置，标准化接口。相较于常规的预制舱式二次组合设备，试点站创新优化舱内机架布置方案，将全站二次设备下放预制舱，结合具体二次设备配置制定设备防误逻辑及方案。相较于常规智能辅助及状态监测系统，试点站部署的变电站物联边缘管理平台具备联合巡视功能，汇聚站内主辅设备监控信息，实现设备状态全面监视、感知数据就地分析、运行状态智能研判、故障检修辅助决策。该变电站将开关柜、接地变压器、电容器等仍按照原有模式进行招标，将全站舱体按照统一物料进行招标，确保中标厂家对预制舱的制作标准一致，可以顺利转移到工厂预制进行。

（3）设联会管理。在试点 35kV 变电站、110kV 变电站先行投运的基础上，220kV变电站消化吸收工程设计、舱式设备集成、安装工艺优化等各阶段的经验，总结提升，柔性团队提出了各类整改建议 5 项，对舱体尺寸、结构、防腐、保温、装饰装修、布线、接地、辅控系统等方面进行调整优化 9 处，进一步提升了舱式变电站的设计质量。

工程共计召开设联会或讨论会 27 次，形成了以下问题的解决方案：

1）舱体外形效果、防火做法、精准送风方案、内部装饰装修方案，提出舱体技术清单要求；

2）舱式设备有关设备选型、内饰方案及材料选型、屋面排水、舱门样式等；

3）商定了预制舱设备集成要求，明确辅控设施的选型和安装高度等；

4）明确了舱体的空间布置，线缆走线空间布置，形成了二次舱四层四色线缆敷设技术具体配置方案；

5）明确了二次舱电气及土建接口及方案，底部二次线缆走线及对外接口问题，蓄电池舱消防等工程实践问题；

6）研究了直流电源机架结构，商定空开面板安装方式，敲定防误智能盖板和空开面板配合方式。

通过上述会议，220kV 变电站有效地解决了在技术实践阶段的各项问题 129 项，有力地支撑了舱式变电站技术方案落地。

在施工图阶段，建设管理单位组织施工、设计单位建立沟通渠道和协作机制，沟通建设过程中遇到的各类问题，梳理各方意见，形成备忘录，促进深度技术交流，定期对电气设备预制舱生产安装过程中的重点难点交换意见，各个击破，有效保障工作顺利开展，具体如表 5.1－5 所示。

施工图重点沟通问题情况

| 序号 | 问题描述 | 解决方案 |
|---|---|---|
| 1 | 工业空调电源线位于机箱正面，接电源的时候，会有电缆线外露，并且空调冷媒铜管向下也外露 | 空调表面和舱壁保持平齐，加工特制的可开式的管线外罩对上述电源线和冷媒管进行遮蔽 |
| 2 | 电源机架的交直流屏的空开外露，影响美观和安全性，需要配置透明盖 | 在最新的机架方案中增加透明封板 |
| 3 | 部分预制舱体底部电缆出线封堵孔口边缘锋利，开口小，敷设时易刮伤电缆外壳或塑料绝缘层 | 电缆出线孔要预留足够尺寸且封堵口边缘做钝化处理或增加有机材质护套 |
| 4 | 预制舱走线槽内、机架内二次光、电缆走线凌乱 | 机架式二次预制舱内部设置 4 层线缆通道，分别为机架底层横向走线通道 1 层，防静电地板下电缆夹层 3 层；不同层线缆通道采用 4 种色彩线槽盒进行区分，实现线缆分层分类敷设要求，整体敷设路径清晰，便于运维检修 |
| 5 | 各功能预制舱外观颜色款式不一致 | 所有舱体的外观与颜色、门窗的样式与规格，内装修的材质与品牌应统一 |
| 6 | 辅助用房舱雨天门口易进水 | 优化设计，增加预制舱特制雨篷 |

（4）进度计划管理方面。变电站采用装配式围墙、预制舱式一二次设备及辅助用房，实现"零建筑物"，取消建筑物钢结构及装饰装修，工程土建施工与厂内预制舱设备安装调试并行开展。

建设单位结合该变电站建设特点：一是将工厂内加工进度纳入工程建设进度安排，跟踪工厂内进度计划；二是合并了原本的变电站主体结构施工前与电气设备安装前的转序工作，并在里程碑计划中进行明确；三是协调解决民事协调、图纸及物资供应、停电计划等存在问题并跟踪落实，创造良好的内外部施工环境，保障工程合理工期，组织开展标准化转序验收，确保工程进度计划的顺利实施。

（5）施工管理方面。基于全舱式变电站建造模式的转变，现场取消了配电装置室，设备的单体安装调试工作转移到工厂进行，现场大量工作转移到工厂进行，现场作业人员较常规工程减少明显，电气安装阶段的重点工作转变为舱式设备的厂内监造与运输就位。同时，开关柜、二次屏柜、电容器等实现工厂化安装、调试，预制舱安装就位后，各预制舱预制电缆、光缆快速插接，实现二次接线"即插即用"，现场无需单体调试。

施工前，施工单位利用 BIM 建模计算对整舱结构受力、底板结构受力、吊装工况等计算复核，模拟运输和吊装计划，确保施工有序，利用三维建模技术对现场吊装进行模拟，明确起重机选型站位、舱体吊装顺序等关键内容，优化施工方案，确保全部舱体顺利完成吊装工作。

预制舱舱体具体参数见表 5.1-6 所示。

表 5.1-6 预制舱舱体具体参数

| 舱体类别 | 数量 | 舱体名称 | 单台舱体质量（t） |
|---|---|---|---|
| 二次设备预制舱 | 8 | 110kV 二次舱 | 20 |
| | | 220kV 二次舱 | 20 |
| | | 主变压器二次舱 | 15 |
| | | 站控层舱 | 20 |
| | | 通信设备舱 | 20 |
| | | 交流二次舱 | 15 |
| | | 直流二次舱 | 20 |
| | | 蓄电池舱 | 22 |
| 一次设备预制舱 | 3 | 1 号开关柜预制舱 | 33 |
| | | 2 号开关柜预制舱 | 34 |
| | | 检修舱 | 5 |
| 接地变预制舱 | 2 | — | 11 |
| 辅助用房预制舱 | 8 | — | 9 |
| 电容器预制舱 | 8 | — | 12 |

运输时，根据公路运输规定和产品规格所选车型，并制订详细的运输方案，为确保运输，装车前专人对承运车辆技术状况进行检查，以保证承运车辆状态良好，检查完毕后将平板车开到指定装车位置，前方垫薄木板防止滑移，用链条葫芦和钢丝绳将移动变压器按要求捆绑牢固，运输中保持过程匀速稳定。

就位时，根据装卸车作业条件和设备重量，经过分析计算，选择合适的起重机，在箱体进行吊装时，要采用四点吊装，保证箱体平稳起吊平移，对于箱体重量较大或体积较大时，采用两部起重机同步起吊。同时鉴于开关柜预制舱重心偏置，起吊在空中时，可能会向一端倾斜，施工单位根据不同预制舱的结构特点，研发自平衡吊具能实现自我调节，保证预制舱吊装时保持平衡状态，同时也能满足不同尺寸预制舱吊装需求，如图 5.1-3 所示。

图 5.1－3　自平衡吊具设备吊装

（6）监造管理方面。全舱式变电站因舱体加工生产和设备安装集成在厂内完成，为避免将问题带到施工现场，建设单位积极开展驻厂监造工作，组织施工、设计、生产单位成立监造组，将质量管控工作从现场延伸到工厂。监造组联系各厂家，及时跟踪厂内施工进度，编制具体监造计划，节点明确、任务清晰、责任到人。选派各专业的技术人才，组成技术队伍，全过程参与舱体生产及设备集成过程工作。

监造过程中，监造组对主要及关键组部件的制造工艺工序和制造质量进行检查与确认、检查设备包装质量和资料清单及装车情况等。发现一般质量问题，监造人员及时查明情况，向制造厂发出工作联系单，要求制造厂分析原因并提出处理方案，监造人员审核后监督制造厂实施，直至符合要求；发现重大质量问题时，监造人员发出工作联系单，并以日报方式在 24h 内报送建设单位及省公司，根据建设单位反馈意见决定是否返工处理。验收工作前移至厂内，将设备质量管控前移，避免把问题带到施工现场，从源头控制质量。驻厂发现问题共计 21 项，厂内均整改完成，具体如表 5.1－7 所示。

表 5.1－7　　　　　　　　驻 厂 发 现 问 题 清 单

| 序号 | 问题描述 | 整改情况 |
| --- | --- | --- |
| 1 | 温度传感器与火灾报警装置标签张贴错误 | 已整改 |
| 2 | 屏柜可拆卸面板凹凸不平 | 已整改 |
| 3 | 空调机壳安装黑色密封条未处理 | 已整改 |

| 序号 | 问题描述 | 整改情况 |
|---|---|---|
| 4 | 舱内壁挂检修箱未完全嵌入墙板内 | 已整改 |
| 5 | 空调线露明，未用封盖 | 已整改 |
| 6 | 舱内电缆槽盒支架焊接点锈蚀，未做防腐处理 | 已整改 |
| 7 | 盘柜下端封盖变形凹进柜内，未校正 | 已整改 |
| 8 | 空调外机排水口没有设置坡度，冬天易积水结冰，冻裂水管 | 已整改 |
| 9 | 操作面板的塑料格挡与屏柜门之间有缝隙 | 已整改 |
| 10 | 舱体顶部焊接点锈蚀，未作防腐处理 | 已整改 |
| 11 | 火灾报警装置安装歪斜 | 已整改 |
| 12 | 电话接线穿墙布置较随意，电话未固定 | 已整改 |
| 13 | 风机控制盒未贴标签，盒周边未打胶处理或未贴加装封边条 | 已整改 |
| 14 | 三四处相邻柜柜体未完全对齐，存在偏差 | 已整改 |
| 15 | 声光报警器标签纸被本体覆盖挡住 | 已整改 |
| 16 | 舱内两排机架式"端柜"的端子排处未见可绑扎固定电光缆位置 | 已整改 |
| 17 | 显示屏周边未用封边条包边处理 | 已整改 |
| 18 | 机架式柜体底脚螺丝洞眼与舱体槽钢洞眼位置有偏差，螺丝无法固定，需开孔，不可焊接 | 已整改 |
| 19 | 临时接地盖子受污染未处理 | 已整改 |
| 20 | 空调线露明，未用封盖 | 已整改 |
| 21 | 线缆敷设通道尖锐毛刺未处理 | 已整改 |

## 5.1.3 建设成效

### 5.1.3.1 建设步伐显著加快

变电站采用装配式围墙、预制舱式一二次设备及辅助用房，实现"零建筑物"，取消建筑物钢结构及装饰装修，相比常规变电站土建施工周期节约。工程土建施工与厂内预制舱设备安装调试并行，节约总工期。同时，开关柜、二次屏柜、电容器等实现工厂化安装、调试，预制舱安装就位后，各预制舱预制电缆、光缆快速插接，实现二次接线"即插即用"，现场无需单体调试，节约工期。变电站于 2021 年 12 月开工建设，2022 年 12 月竣工投产，扣除疫情等因素导致停工的时间，实际有效工期 10 个月，相较常规变电站施工工期缩短 33.3%，建设效率大幅提升，如图 5.1－4 所示。

图 5.1－4　变电站鸟瞰图

#### 5.1.3.2　安全风险压降明显

无常规建筑物，消减了建筑物模板及脚手架安拆、钢结构梁柱吊装等三级风险作业现场施工工序减少，避免交叉作业。工程施工安全三级及以上风险点减少达 40%以上，施工安全性大大提高，如表 5.1－8 所示。

表 5.1－8　　　　　　　　　　　安 全 风 险 压 降 情 况

| 序号 | 现有风险等级 | 原有风险等级 | 备注 |
| --- | --- | --- | --- |
| 1 | 四级风险：二次设备舱安装 | 三级风险：钢结构吊装 | 二次设备舱替代原有钢结构配电装置室、综合楼 |
| 2 | 四级风险：二次设备舱安装 | 三级风险：装配式厂房安装 | |
| 3 | 四级风险：装配式防火墙安装 | 三级风险：防火墙模板安装 | 利用曲臂车安装，装配式防火墙替代混凝土防火墙 |
| 4 | 四级风险：装配式防火墙安装 | 三级风险：防火墙模板拆除 | |

#### 5.1.3.3　机械化施工应用尽用

全面应用装配式构筑物和预制舱，机械化施工应用率达 90%以上，如图 5.1－5 所示。

（a）曲臂式高空作业升降平台 （b）汽车式起重机

图 5.1-5 机械化施工

从场地平整到构支架吊装采用挖掘机、桩机、起重机、高处作业平台车等 6 大类、18 种机械化装备。针对变压器、GIS 等关键设备安装调试，研制主变压器安装智能感知装置、内置行吊的 GIS 防尘装备、二次屏柜搬运装置等 17 台套专用施工装备，如表 5.1-9 所示。

表 5.1-9 设 备 使 用 情 况

| 序号 | 分部分项 | 设备名称 | 应用场景（工序） | 使用时间 |
|---|---|---|---|---|
| 1 | 地基处理 | 打桩机 | 桩基施工 | 2021.11 |
| 2 | 场地道路 | 水稳摊铺机 | 站内外道路基层施工 | 2021.11 |
| 3 | | 混凝土整平机器人 | 站内外道路面层施工 | 2021.11 |
| 4 | 主体结构 | 曲臂式高空作业升降平台 | 装配式防火墙 | 2022.8 |
| 5 | | 围墙吊装工具 | 装配式围墙 | 2022.7 |
| 6 | 设备安装 | 汽车式起重机 | 预制舱、独立设备安装 | 2022.9～10 |
| 7 | | 自平衡吊具 | 预制舱安装 | 2022.9～10 |
| 8 | | GIS 全密封防尘装置 | GIS 安装 | 2022.10～11 |
| 9 | | 屏柜搬运装置 | 屏柜安装 | 2022.9～10 |
| 10 | | 电气柜移位装置 | 开关柜安装 | 2022.9～10 |
| 11 | | 专用并柜工具 | 开关柜安装 | 2022.9～10 |
| 12 | | 干燥空气发生器、滤油机、真空机组 | 变压器安装 | 2022.9 |
| 13 | 电缆施工 | 二次电缆敷设专用工具 | 控制电缆敷设 | 2022.10～11 |
| 14 | | 电缆自动输送装置 | 高压电缆敷设 | 2022.11 |
| 15 | 调试试验 | 舱式设备调试平台 | 舱内设备调试 | 2022.12 |
| 16 | | 检测试验一体车 | 高压试验 | 2022.12 |

# 5.2　110kV 变电站新建工程

某 110kV 变电站新建工程于 2021 年 8 月 30 日开工建设,在各参建单位的努力下,2022 年 3 月 31 日竣工投产。

## 5.2.1　技术方案

工程本期 2 台主变压器,终期 3 台主变压器,主变压器额定容量 3×50MVA,本期 110kV 出线 3 回,终期 4 回出线,本、终期采用单母线分段接线,选用户外 GIS;35kV 出线 6 回,远期 6 回出线,本、终期采用单母线分段接线,选用充气式开关柜;10kV 出线 16 回,远期 24 回出线,本期为单母线分段接线,终期为单母线三分段接线,选用 10kV $SF_6$ 充气柜。无功补偿采用紧凑型集合式电容器,本期配置为 2 组 3.6Mvar+2 组 4.8Mvar 电容器。

110kV 配电装置布置在站区东侧,向东架空出线;35kV 及 10kV 开关柜预制舱并排布置在站区西侧;电容器布置在站区南侧;二次设备预制舱布置在站区东北角;辅助用房预制舱布置在站区北部,临近进站大门。在总体布置中,主变压器间采用防火墙分隔,通过尺寸调节,左右对称,上下协调,使得主变压器厂区宽度与 110kV 配电装置、低压区(35、10kV)配电装置宽度匹配。在各功能分区布置上紧凑、协调,使整个站区形成一个较好的群体空间。方案较 110kV A1-2 通用设计方案节省占地面积 11.36%,缩短施工工期 54%,节约混凝土 237.9m³、砌体材料 309.6m³,减少碳排放 230.3t。

## 5.2.2　主要特点

### 5.2.2.1　技术特点

全站共使用预制舱 22 个,具体如表 5.2-1 所示。

表 5.2-1　　　　　　　　　全站预制舱使用情况

| 序号 | 功能 | 舱体名称 | 数量 | 三维图片 |
|---|---|---|---|---|
| 1 | 35kV 设备舱 | 35kV 开关柜舱 | 1 | |
| 2 | | 开关柜检修舱 | 1 | |
| 3 | | 接地变压器舱 | 1 | |
| 4 | | 电容器舱 | 1 | |

续表

| 序号 | 功能 | 舱体名称 | 数量 | 三维图片 |
|------|------|----------|------|----------|
| 5 | 10kV 设备舱 | 10kV 开关柜舱 | 1 | |
| 6 | | 开关柜检修舱 | 1 | |
| 7 | | 接地变压器舱 | 1 | |
| 8 | | 电容器舱 | 1 | |
| 9 | 二次舱 | 110kV 间隔层舱 | 1 | |
| 10 | | 站控层设备舱 | 1 | |
| 11 | | 通信设备舱 | 1 | |
| 12 | | 直流电源舱 | 1 | |
| 13 | | 交流电源舱 | 1 | |
| 14 | | 蓄电池舱 | 1 | |
| 15 | 辅助用房 | 警卫室 | 1 | |
| 16 | | 安全工具室 | 1 | |
| 17 | | 资料室（兼应急操作间） | 1 | |
| 18 | | 防汛器材室 | 1 | |
| 19 | | 卫生间 | 1 | |
| 20 | | 消防泵控制室 | 1 | |
| 21 | | 楼梯间 | 1 | |
| 22 | 合计 | | 22 | |

（1）变电站 35kV 与 10kV 设备均采用气体绝缘开关柜预制舱，较常规设备室占地面积分别减少 70%、50%，电容器采用舱式一体化设备较通设中电容器成套装置占地减少约 50%。

（2）工程采用架高平台。根据设备尺寸模块化钢平台尺寸、工厂化加工、集成化电缆通道、平台可重复利用可回收、整体美观便于运维特点。

（3）二次设备设置1座机架式二次设备预制舱和1座一体化电源舱。机架式二次设备预制舱按照功能进行了模块划分。主控及公用模块包括监控系统设备、调度数据网设备、辅控及火灾设备、消弧线圈控制设备、故障录波及网分设备、对时设备；通信模块包括光通信设备、光纤配线架、数字配线架及音频配线架；间隔模块包括35kV间隔设备、10kV间隔设备、主变压器间隔设备。

一体化电源舱采用模块化并联直流电源系统，含电源模块包括蓄电池组、交流电源设备、直流电源设备、通信电源及UPS电源设备；满足舱内整体机架安装风格统一化和设备安装需求个性化的双重要求。

（4）应用一键顺控技术，把电网倒闸操作从复杂变为简单，从高度依赖人力转变为计算机完成设备状态转换，将设备操作时间由1h缩短为6min。

（5）预制构件：优先选用绿色可循环建材，大幅减少混凝土和砌体工程量，地面以上实现零湿作业。

全站主要技术10项，具体如表5.2-2所示。

表5.2-2　　　　　　　　　　技 术 应 用 清 单

| 序号 | 技术名称 | 技术特色 | 索引章节 |
|---|---|---|---|
| 1 | 精准送风技术 | 每组机架设置独立稳控风扇系统 | 2.3.2.3 |
| 2 | 机架智能防误系统 | 采用基于站内边缘物联管理平台的智能锁控设备及机架防误闭锁结构，有效避免现场误触误碰及走错或误入间隔 | 2.3.2.4 |
| 3 | 保护/测控智能冗余 | 110kV线路配置1套冗余保护装置，有效提高单套配置保护间隔的运行可靠性 | 2.3.4 |
| 4 | 舱体与基础连接 | 采用可调节螺栓安装：设备舱底框预留螺栓椭圆长孔，与基础之间通过可调节螺栓（埋件＋螺栓限位盒）进行连接，提高机械化安装效率，避免现场焊接和防腐作业 | 3.2.3.2 |
| 5 | 装配式围墙 | 围墙方案采用钢柱和预制墙板。墙板采用纤维水泥复合条板，轻便、环保、工艺质量统一，现场施工工期短，无污染 | 2.1.3.1 |
| 6 | 保护设备"热插拔" | 在二次预制舱内的主变保护装置采用航空插头形式，实现设备即插即用 | 3.4.2.1 |
| 7 | 标准化小型预制构件 | 包括预制压顶、预制小型基础、预制电缆沟盖板等 | 2.1.3.3 |
| 8 | 成品构筑物 | 包括一体化雨水泵池、成品化粪池、成品消防棚等 | 2.1.3.4 |
| 9 | 预制舱式10kV开关柜设备 | 10kV预制舱代替配电装置室，在厂房内与开关柜完成组装，设备运至现场后进行吊装就位，相比配电装置室，可有效提高设备集成度，减少占用地面积，缩短施工周期，更加绿色环保 | 3.1.2 |
| 10 | 架高平台设计 | 采用钢框架平台型式，统筹设计布置一次电缆、二次槽盒、检修通道、行人通道、泄压通道等，舱体下部电缆施放更加便利，后期巡视及检修空间更加开阔，进一步提升现场装配率，减少现场土建施工时间 | 3.2.3.3 |

5.2.2.2 管理实践

（1）组织管理方面。公司充分发挥领导作用，项目由建设管理单位改为省公司统筹、各参建单位深度参与，通过推进协调会等形式推进项目工作开展。为确保首次创新项目能够顺利实施，团队自成立以来，反复沟通协调，共计召开设联会或讨论会 20 次，解决各类技术问题 106 项（见表 5.2-3），形成了以下问题的解决方案：

1）舱体外形效果、防火做法、精准送风方案、内部装饰装修方案，提出舱体技术清单要求；

2）舱式设备有关设备选型、内饰方案及材料选型、屋面排水、舱门样式等；

3）商定了预制舱设备集成要求，明确辅控设施的选型和安装高度等；

4）明确了舱体的空间布置，线缆走线空间布置，形成了二次舱四层四色线缆敷设技术具体配置方案；

5）明确了二次舱电气及土建接口及方案，底部二次线缆走线及对外接口问题，蓄电池舱消防等工程实践问题；

6）明确架空设计方案关键点及施工过程注意事项。

表 5.2-3            设 联 会 明 细

| 序号 | 设联会名称 | 会议主要内容 |
| --- | --- | --- |
| 1 | 变压器 | 确定变压器主要技术参数 |
| 2 | GIS | 确定 GIS 主要技术参数 |
| 3 | 35kV 充气柜 | 确定设备监造及型式试验要求 |
| 4 | 10kV 充气柜 | 确定一二次组部件配置及要求、运维方案。明确预制舱基础安装、线缆通道、智能辅助系统等以及设备的运输及型式试验要求，确定监造要求 |
| 5 | 设备预制舱专项 | 明确预制舱舱体尺寸、舱体结构、舱体防腐、舱体保温、空调与通风系统、防火性能要求、装饰要求、舱体照明、接地、智能辅助、火灾报警、运输和吊装、线缆通道等 |
| 6 | | 确定舱体外观、舱体开孔及门洞密封处理、消防、精准送风方案、内部装饰装修方案，提出舱体技术清单要求 |
| 7 | | 确定舱式设备有关设备选型、材料、色号等以及舱体交货时间 |
| 8 | | 明确充气柜与纵旋柜的安装位置、预制舱内照明辅控设计相关要求 |
| 9 | 新技术新设备专项 | 确定新技术/新设备设计原则和总体要求 |
| 10 | 一体化电源 | 确定一体化电源系统设计原则和总体要求、技术方案、设备配置等内容 |
| 11 | 二次设联会 | 确定整站二次专业技术细节 |
| 12 | 边缘物联管理平台 | 确定技术目标、架构及实现手段、在线监测等系统参数 |

续表

| 序号 | 设联会名称 | 会议主要内容 |
|---|---|---|
| 13 | 二次预制舱 | 形成机架的具体尺寸方案,明确了机架技术细节 |
| 14 | | 形成具体电缆规划 |
| 15 | | 对旋转柜等设备开展优化设计 |
| 16 | 预制舱照明辅控设计讨论 | 对舱内照明及辅控设备开展优化设计 |
| 17 | 架空设计方案 | 设计方案关键点及施工过程注意事项 |
| 18 | 辅助用房舱体讨论 | 舱体的功能需求和技术要点 |
| 19 | | 辅助用房舱体的外形 |
| 20 | | 辅助用房层高和走廊讨论会 |

（2）招投标管理方面。相较于传统一次设备,创新舱式设备一体化设计,将设备、预制舱、辅控系统等高度集成,工厂内生产、安装、集成、调试,模块化布置,标准化接口。相较于常规的预制舱式二次组合设备,试点站创新优化舱内机架布置方案,将全站二次设备下放预制舱,结合具体二次设备配置制定设备防误逻辑及方案,按运维单位需求定制设计专用快插接口。本次工程选用新技术及物资具有很好的可复制性和推广性。通过本次工程的招标探索可为变电站模块化建设物资招标提供新的创新方式,将原来的低压开关柜变为整舱招标,全站二次系统转变为整舱招标,保证一个厂家中标,安装工作可以顺利转移到工厂预制进行。

（3）进度计划管理方面。工程采用装配式围墙、预制舱式一二次设备及辅助用房,实现"零建筑物",取消建筑物钢结构及装饰装修,相比常规变电站土建施工周期缩短 2 个月。同时,开关柜、二次屏柜、电容器等实现工厂化安装、调试,预制舱安装就位后,各预制舱预制电缆、光缆快速插接,实现二次接线"即插即用",现场电气施工周期缩短 1 个月。工程土建施工与厂内预制舱设备安装调试并行,施工周期缩短 2 个月,较常规 110kV 变电站减少 5 个月,节约施工周期 50%。

（4）施工管理方面。现场管理工作降低,现场施工人员减少。吊装工作量增加,公司多次组织对吊装方案进行评审,由于变电站进站道路转弯半径及站内场地限制,预制舱需要使用起重机进行 1 次座位中转至预制舱基础。卸货时起重机可以座位于进站大门口;本工程变电站除主变压器外其他均为舱体,考虑现场进行集中收货。由于场地问题和降低吊装风险需要进行舱体就位排序。预制舱就位顺序图如图 5.2-1 所示,预制舱吊装图如图 5.2-2 所示。

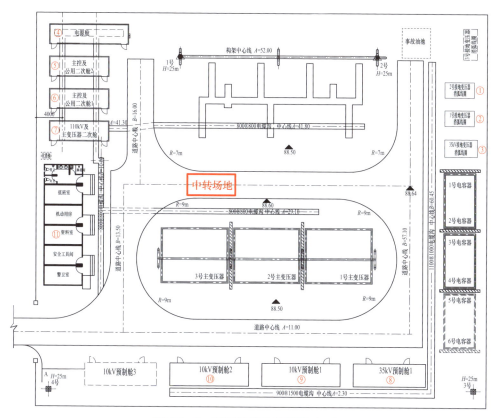

图 5.2-1 预制舱就位顺序图（一）

（a）预制舱吊装正面图

（b）预制舱吊装侧面图

图 5.2-2 预制舱吊装图

（5）监造管理方面。由于工作地点扩大至工厂，设备监造方式较以前发生重要变化，公司全面加强设备制造状态研判及质量评估，运用"远程视频监督＋线下专人管控"动态分析设备健康状况，实现物资"零缺陷"投运。针对全舱式变电站舱体加工，依托经研院变电站模块化实验室，开展技术符合性评估和性能专项抽检。另外现场安排专人开展设备监造工作，每周通过视频会议与书面报告相结合方式汇报，填写设备监造单，实时反映设备生产状态，通过构建"现场监造＋到货抽检＋安装监测"联动的质量管控模式，进行全生产过程质量状态监控，实时反馈质量信息，并根据反馈信息对生产情况及时调整，从而实现现场数据采集与分析系统、制造系统等高效协同与集成。

（6）运行管理方面。工程运行阶段，公司开展运行 FMEA 分析，确定巡视点位，形成运行规程及标准规范等执行文件。梳理设备清单，形成站内设备分级表，应用设备主人制，差异化开展设备运维对系统告警数据进行定期分析，确定系统存在问题，联合厂家进行迭代优化。发现主要问题 6 项，如表 5.2－4 所示，并在后续工程中予以改进。

表 5.2－4　　　　　　　　　后期运维重点沟通问题情况

| 序号 | 问题描述 | 解决方案 |
|---|---|---|
| 1 | 电源舱内 UPS 电源屏及直流分屏机架式安装，空开及按钮采用内嵌式方案，存在误碰隐患 | 按空开安装行增加开启式透明防护罩，兼顾巡视、操作及防止误碰 |
| 2 | 前期设计中考虑整体美观，将较大尺寸的壁挂附属设施（SF$_6$ 报警主机、风机控制箱、空调）安装在舱体侧壁，起不到进入舱内提醒作用 | 后期工程中考虑将 SF$_6$ 报警主机壁挂安装在舱体正面或在舱体正面安装双监探测器，当人员靠近时进行提示告警 |
| 3 | 各舱室门口无雨棚，雨雪天气时雨水溅到室内 | 舱体设计时增加装配式雨棚，到场后简单安装即可 |
| 4 | 一次舱架空层净距 1.5m，支柱、拉杆较多，施工、巡视时人员需弯着腰 | 后期试点方案优化净高 1.8m，通过对钢结构平台结构优化，采用悬挑梁等方式，减少一列柱子；另ími增大柱距，进一步优化受力构件布置、减少用钢量，使架空平台的设计更加合理，更方便运维操作 |
| 5 | 优化预制舱空调布置方案：<br>（1）空调接线外露。<br>（2）冷凝水管走线不规则 | （1）空调接线与厂家沟通，空调表面与舱壁保持平齐，设置外罩保持美观。<br>（2）冷凝水管集中走线，整齐美观 |
| 6 | 部分预制舱体底部电缆出线封堵孔口边缘锋利，开口小，敷设时易刮伤电缆外壳或塑料绝缘层 | 电缆出线孔要预留足够尺寸且封堵口边缘做钝化处理或增加有机材质护套 |

## 5.2.3　建设成效

### 5.2.3.1　优化总平面布置

全站取消配电装置室，采用 35、10kV 预制舱式设备。取消二次设备室，二次设备均入舱布置。将功能房间和警卫室集中布置于预制舱内，形成辅助用房预制舱。方案较 110kV A1－2 通用设计方案节省占地面积 11.36%，缩短施工工期 54%，节约混凝土 237.9m³、砌体材料 309.6m³，减少碳排放 230.3t。

#### 5.2.3.2 设备环境状态全景感知

在一次设备在线监测、安全防范、动环监控、火灾报警、视频监控等业务方面部署各类物联传感装置，搭建物联边缘管理平台（见图 5.2 – 3），整合系统配置，实现业务汇聚，赋能智慧运检，提升运维效率 75%。

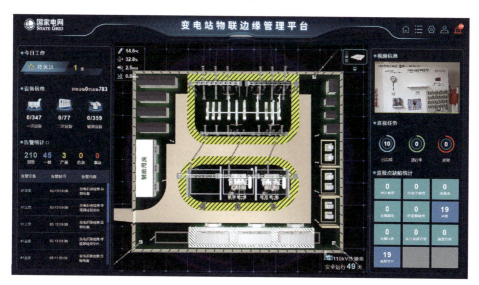

**图 5.2 – 3　物联边缘管理平台界面**

#### 5.2.3.3 绿色低碳设计

通过系统化设计、模块化拆分、工厂化制造和现场化装配，应用预制舱式一体化设备，变电站内各设备预制舱及辅助用房预制舱实现了功能布局单元化，水电管线集成化，装饰装修标准化，最大程度实现工厂内规模生产、集成调试、机械化施工。试点一次舱架高布置设计，防火墙采用一体化集成墙板，开展预制装配式基础应用，全站小型构筑物预制率实现 100%。本站多项创新应用提高了建造效率，降低建造成本，具有绿色节能、环保生态等优势。

#### 5.2.3.4 机械化施工作业

工程采用挖掘机、起重机等机械化装备 8 种，机械化施工应用率达 90% 以上，如表 5.2 – 5 所示。

表 5.2 – 5　　　　　　　设 备 使 用 情 况

| 序号 | 分部分项 | 设备名称 | 应用场景（工序） | 使用时间 |
|---|---|---|---|---|
| 1 | 场地平整 | 挖掘机 | 场地平整 | 2021.8 |
| 2 | 物料运输 | 轻型卡车 | 物料运输 | 2021.8 |

续表

| 序号 | 分部分项 | 设备名称 | 应用场景（工序） | 使用时间 |
|---|---|---|---|---|
| 3 | 基础施工 | 混凝土泵车 | 基础浇筑 | 2021.10 |
| 4 | 建筑物 | 曲臂式高空作业升降平台 | 装配式围墙 | 2021.11 |
| 5 | 设备安装 | 汽车式起重机 | 预制舱、设备安装 | 2021.12 |
| 6 | 设备安装 | 自平衡吊具 | 预制舱安装 | 2022.1 |
| 7 | 电缆施工 | 电缆放线架 | 控制电缆敷设 | 2022.2 |
| 8 | 主变压器试验 | 集装箱式电力变压器感应耐压及局部放电试验装置 | 主变压器试验 | 2022.2 |

# 5.3　35kV 变电站新建工程

35kV 舱式变电站工程于 2021 年 10 月 22 日开工建设，2022 年 3 月 22 日竣工投产。

## 5.3.1　技术方案

35kV 舱式变电站按终期规模建设，主变压器容量为 2×10MVA，采用三相双绕组有载调压变压器；35kV 侧 4 回出线，采用单母分段接线，选用 35kV 气体绝缘开关柜预制舱；10kV 侧 12 回出线，采用单母分段接线，选用 10kV 纵旋柜预制舱；无功补偿配置为 4 组预制舱式电容器，单组容量 1Mvar。

除主变压器外，站内设备均应用预制舱式设备，采用中式四合院布局，将通用设计方案中生产综合室内 35kV 开关柜、10kV 开关柜、二次设备、一体化电源、辅助设施进行模块划分，每个功能模块按舱式设备一体化集成。主变压器、接地变压器位于变电站中心；辅助舱和电容器舱东西对称；35kV、二次设备舱和 10kV、检修舱南北对称；站内设置 U 形道路，利用站外已有道路形成环路，如图 5.3－1 所示。

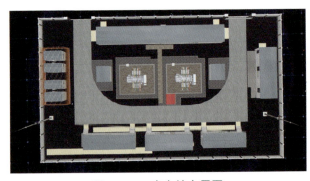

图 5.3－1　变电站布局图

## 5.3.2 主要特点

### 5.3.2.1 技术特点

35kV 舱式变电站采用整舱式设计，优选小型化设备，将一次设备与二次设备集成，设备与舱体再集成，实现预制舱式设备一体化设计、制造、安装，形成了 4 类 7 种功能的系列化舱式设备产品，具体如表 5.3－1 所示。

表 5.3－1　　　　　　　　全站预制舱使用情况

| 舱体类型 | 舱体名称 | 数量 | 三维模型图 | 备注 |
|---|---|---|---|---|
| 一次舱 | 35kV 气体绝缘开关柜预制舱 | 1 | | |
| | 10kV 纵旋柜预制舱 | 2 | | |
| | 检修预制舱 | 1 | | |
| | 户内框架电容器预制舱 | 4 | | |
| 二次舱 | 机架式二次设备预制舱 | 1 | | |
| 电源舱 | 并联型直流电源预制舱 | 1 | | |

续表

| 舱体类型 | 舱体名称 | 数量 | 三维模型图 | 备注 |
|---|---|---|---|---|
| 辅助舱 | 辅助用房预制舱 | 1 |  | |

（1）适应用地限制，利用站外乡村道路与站内道路形成环形车道，满足设备运输及消防要求，有效节地 722m²，节约用地率达 30%。站内各舱室吸取徽派建筑"粉墙黛瓦"元素，灰顶白底，实现与周边环境"和谐统一"，如图 5.3-2 所示。

图 5.3-2　变电站鸟瞰图

（2）主变压器设置在变电站中心区域，高低压侧均采用"电缆+下进线"方式。设置 1 座 35kV 气体绝缘开关柜预制舱，较常规设备室面积减少约 70%。设置 2 座 10kV 纵旋柜预制舱，预制舱间两段母线采用电缆连接，设置 1 座检修舱，方便开关柜就地检修，较常规设备室面积减少约 42%。设置 4 套预制舱式电容器，尺寸为 3.5m×1.7m，较通用设计中电容器成套装置（尺寸为 3.7m×3m）面积减少约 50%。

（3）二次设备设置 1 座机架式二次设备预制舱和 1 座一体化电源舱，位于变电站设备中心位置，并行布置于 35kV 预制舱两侧。机架式二次设备预制舱按照功能进行了模块划分。主控及公用模块包括监控系统设备、调度数据网设备、辅控及火灾设备、消弧线圈控制设备、故障录波及网分设备、对时设备；通信模块包括光通信设备、光纤配线架、数字配线架及音频配线架；间隔模块包括 35kV 间隔设备、10kV 间隔设备、主变压器间隔设备。一体化电源舱采用模块化并联直流电源系统，含电源模块包括蓄电池组、交流电源设备、直流电源设备、通信电源及 UPS 电源设备；满足机架安装风格统一化和设备安装需求个性化的双重要求。

（4）配置物联边缘管理平台，赋能智能化运维检修：部署 16 类智能传感装备从源头数字化采集 30 余种监测/状态数据，实现变电站设备状态信息的全面监视；依托 3 类 36 台高清视频摄像机及巡检机器人，230 个巡视预置位，297 个巡视点位，具备设备外观缺陷识别、数据自动分析比对、缺陷主动预警等功能，每次智能巡视可节约人工 2～3h，推动巡检模式向"远程巡检为主＋人工巡检为辅"转变；依托前端部署的各类感知装备，实现对 150 余条数据的越限智能监测、300 余项设备智能联动、145 条联动策略及 4 类人员作业行为安全告警推送，实现对设备状态的研判预警及智能联动。

（5）应用一键顺控技术，把电网倒闸操作从复杂变为简单，从高度依赖人力转变为计算机完成设备状态转换，将设备操作时间由 1h 缩短为 6min。

（6）生产辅助舱采用单功能舱不拼接模式，在工厂内集成主体结构、内外装饰、辅控照明等系统，在现场进行双坡屋面拼接，外观与设备舱统一。

全站主要技术 12 项，具体如表 5.3－2 所示。

表 5.3－2                        技 术 应 用 清 单

| 序号 | 技术名称 | 技术特色 | 索引章节 |
|---|---|---|---|
| 1 | 35kV SF$_6$ 充气柜 | SF$_6$ 开关柜占地小，完全密封，绝缘水平高，免维护，提高运行的可靠性及人身安全，并具有全模块化优势，比传统的高压开关柜节省体积 70%以上 | 2.2.1.1 |
| 2 | 10kV 纵旋式开关柜 | 柜内设备采用纵向布置，柜宽较常规空气绝缘柜体尺寸小；柜内设备可通过柜前通道进行安装运维，柜后可靠墙布置，适用于预制舱内布置 | 2.2.1.1 |
| 3 | 35kV 预制舱式设备 | 35kV 预制舱代替配电装置室，在厂房内与开关柜完成组装，设备运至现场后进行吊装就位，按母线单独设舱，柜后开舱门，方便设备检修更换。相比配电装置室，可有效提高设备集成度，减少占地面积，缩短施工周期，更加绿色环保 | 2.2.1.2 |
| 4 | 10kV 预制舱式设备 | 10kV 预制舱代替配电装置室，在厂房内与开关柜完成组装，设备运至现场后进行吊装就位，相比配电装置室，可有效提高设备集成度，减少占地面积，缩短施工周期，更加绿色环保 | 2.2.1.2 |
| 5 | 10kV 预制舱式电容器 | 10kV 预制舱式电容器结构紧凑、占地面积小，在工厂内集成，整体运输至现场 | 2.2.3.1 |
| 6 | 三类标准二次设备机架技术 | 二次设备机架采用常规机架、旋转机架、通信机架、侧放机架、电源机架，满足舱内整体机架安装风格统一化和设备安装需求个性化的双重要求 | 2.3.3.1 |
| 7 | 精准送风技术 | 每组机架设置独立稳控风扇系统 | 2.3.3.3 |

| 序号 | 技术名称 | 技术特色 | 索引章节 |
|------|----------|----------|----------|
| 8 | 机架智能防误系统 | 采用基于站内边缘物联管理平台的智能锁控设备及机架防误闭锁结构，有效避免现场误触误碰及走错或误入间隔 | 2.3.3.4 |
| 9 | 箱式基础 | 预制舱箱式基础兼做电缆半层，空间大方便电缆走线及运维检修，基础形式地基适应性强，整体防水性能优异 | 3.2.3.1 |
| 10 | 装配式围墙 | 围墙方案采用钢柱和预制墙板。墙板采用纤维水泥复合条板板，轻便、环保、工艺质量统一，现场施工工期短，无污染 | 2.1.3.1 |
| 11 | 标准化小型预制构件 | 包括预制压顶、预制电缆沟盖板等 | 2.1.3.3 |
| 12 | 成品构筑物 | 包括成品化粪池、成品消防棚等 | 2.1.3.4 |

#### 5.3.2.2　管理实践

（1）组织模式实践。针对舱式变电站根据《国网基建部关于印发 2016 年推进智能变电站模块化建设工作要点的通知》的要求，国网安徽电力下发了《国网安徽省电力有限公司关于成立模块化变电站"皖电智造"工作领导小组的通知》，贯彻"一力三全"矩阵式管理核心，自上而下发挥领导力作用。成立领导小组并下设了技术支持组、智能制造工厂等小组。

技术支持组设在经研院，主要负责模块化变电站建设方式研究，开展绿色建造技术体系研究，协助组织"皖电智造"关键技术、专项课题研究，推动设计方案深化，总结、提炼"皖电智造"成果，固化相关标准、规范等标准化成果，建立模块化变电站"皖电智造"技术标准体系。

智能制造工厂设在送变电公司，主要负责开展市场经济分析，将绿色发展理念融入产品设计、材料选型、加工制造全过程推进模块化变电站"皖电智造"装配生产线建设：推行材料绿色选型，统筹考虑产品在工程全寿命期的耐久性、可持续性；研究制定生产工艺流程、安全生产操作规程；探索适应智能化建造建设需要的新型施工管理模式。

为进一步高效开展变电站模块化建设工作，落实技术引领作用，成立柔性技术攻关团队，囊括设计、运行、设备、调度、通信、施工等各专业专家、技术能手，以建设、运维实际问题为导向，广泛调研各设备厂家的技术力量现状，定期与设计单位进行会商，集中技术攻关团队力量，攻关在设计阶段打的"卡脖子"难题，在设备选型、结构优化、标准完善、资源节约等方面为工程建设提供强有力技术支撑。

（2）管理流程变化。

1）物资招标管理。

a. 舱式变电站与常规变电站物资技术差异。相较于传统变电站设备，试点站创新优化舱内设备一体化设计，模块化布置、一次设备接口标准化、二次设备接口定制化、二次设备全部入舱，高度集成。部署物联网平台实现设备状态全监测，运行故障辅助决策。根据舱式变电站技术特点，共梳理了 21 条主设备物料，其中 19 条需要重新编制技术规范书。

b. 现有物资招标方式特点。变电站新建工程常规的设备物资招标过程涉及七个招标批次，分别为国网公开批次、输变电协议库存批次、省公司公开批次、省公司协议库存批次、信息化批次、超市化采购、营销批次，批次类型较多。变电站新建工程一般采用常规物资招标方式，设备、材料需要在现场交货进行安装、接线、调试。现有的物资招标方式，具有设备招标分类精确、有利于控制投资费用等优势，更加适合大批量规模化标准化建设的集中采购。

c. 舱式变电站招标方式新需求。工程全站无建筑物，整体建设周期时间节点安排较为紧凑，物资招标过程、现场建安过程较常规工程周期短。由于新技术的使用，和建设方式的创新，对于物资招标方式提出了新的需求：

（a）常规物资招标批次多，不同批次设备定标时间不同。预制舱内有大量集成工作，对于设备定标时序一致性要求较高，对于舱内设备技术特点、接口型式一致性要求较高。

（b）全站一、二次预制舱式设备，涉及专业多、厂家多，质量管控较难，需要具备较强集成技术能力的厂家完成设计、安装及调试、整体运输及吊装工作。

（c）主变压器等设备集成在线监测、在线诊断、状态评估等功能，涉及终端种类较多，需设备厂家统筹接口及信息规约优化设计，实现规范统一。

d. 舱式变电站招标方式创新与探索。随着模块化建设深入发展，变电站一次设备由敞开式逐步向组合电器发展，一、二次设备融合程度不断增强，预制舱式一次、二次组合设备在系统内外应用越来越多。工程选用新技术及物资具有很好的可复制性和推广性。将原来的低压开关柜变为整舱招标，全站二次系统转变为整舱招标，现场的部分建筑安装工作转移到工厂预制进行。

2）设计联络会管理。35kV 舱式变电站，作为第一个投产的全舱式变电站，采用多种创新技术，工程共计召开设联会或讨论会 18 次，有效地解决了在技术落实阶段的各项问题 86 项,有力地支撑了舱式变电站技术落地,具体如表 5.3-3 所示。

表 5.3-3 设 计 联 络 会 明 细 表

| 序号 | 设联会名称 | 会议主要内容 |
|---|---|---|
| 1 | 变压器、开关柜等主设备设计联络会 | 主要技术参数,组部件配置、运输及型式试验要求;舱式设备基础安装、线缆通道、智能辅助系统等 |
| 2 | 二次预制舱 | 二次预制舱设计原则和总体要求、技术方案等事宜,形成了机架的具体尺寸方案,明确了机架技术细节 |
| 3 | 边缘物联管理平台 | 物联边缘管理平台设计原则和总体要求,包括技术目标、架构及实现手段、在线监测等系统参数 |
| 4 | 新技术新设备专项 | 新技术/新设备设计原则和总体要求、技术方案、设备配置等内容 |
| 5 | 一体化电源 | 一体化电源系统设计原则和总体要求、技术方案、设备配置等内容 |
| 6 | 二次设联会 | 确定整站二次专业技术细节 |
| 7 | 二次设备舱技术讨论会 | (1) 明确舱体及线缆走线空间布置;<br>(2) 确定二次舱电气及土建接口及方案;<br>(3) 研究直流电源机架结构,商定空开面板安装方式;<br>(4) 讨论直流电源机架结构,敲定防误智能盖板和空开面板配合方式;<br>(5) 开关柜二次设备、配件、端子排等布置方式及柜内走线;<br>(6) 舱体底部二次线缆走线及对外接口问题 |
| 8 | 预制舱舱体专项技术讨论 | (1) 舱体外形效果、舱体防火做法、精准送风方案、内部装饰装修方案,提出舱体技术清单要求;<br>(2) 预制舱辅助设备选型、内饰方案及材料选型、屋面排水、舱门样式等;<br>(3) 商定预制舱设备集成要求,明确辅控设施的选型和安装高度等 |
| 9 | 辅助用房舱体讨论 | (1) 辅助用房的功能需求和布局;<br>(2) 辅助用房舱体的外形;<br>(3) 确定辅助用房层高,舱体增加皖电制造 Logo;<br>(4) 内装饰方案 |

(3)监造管理实践。舱式变电站设备与舱体高度集成高,质量管控重点由工作现场延伸到集成工厂,舱式设备在工厂时,及时跟踪厂内施工进度,组织监理、设计、施工、运维单位成立监造组,全过程参与舱体生产及设备集成工作,对重点工艺、出厂试验调试等开展监造。监造组共发现问题 16 项,提出整改建议 28 条。

(4)施工管理实践。施工管控从现场延伸到工厂。现场管理工作内容降低明显,现场施工人员较常规工程减少。与传统变电站工程重点针对现场的管理模式不同,舱式变电站整舱工厂化预制,将舱体结构、墙地面及吊顶装饰、强弱电系统及相关设备等悉数集成,在厂内通电,通过建设单位监造验收后,才最终发至现场,即装即用。

现场安装模式由设备就位拼接向舱体吊装转变。舱式变电站现场施工前,利用数字建模技术对现场吊装进行模拟(见图 5.3-3、图 5.3-4),明确起重机选型、站位、舱体吊装顺序等关键内容,优化舱体就位方案,确保舱体吊装安全管控到位、成品保护到位,分别如图 5.3-5~图 5.3-7 所示。

图 5.3-3　舱体受力分析图

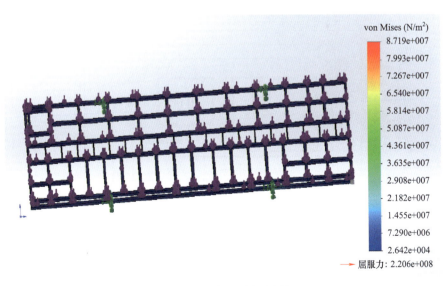

图 5.3-4　底板受力分析图

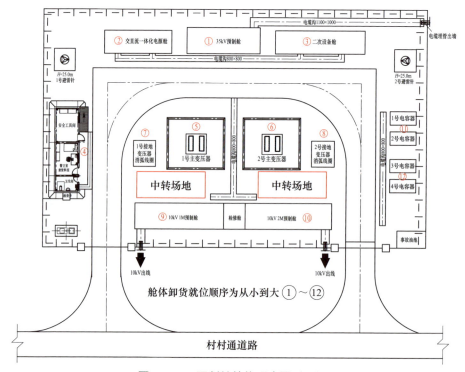

**图 5.3-5　预制舱就位顺序图（二）**

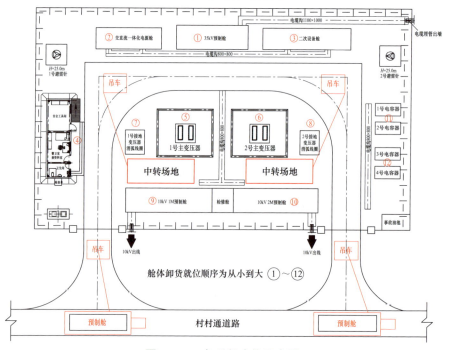

**图 5.3-6　起重机座位示意图**

图 5.3－7　预制舱就位现场图

（5）进度计划管理。工程自 2021 年 10 月 22 日开工建设，2022 年 1 月 22 日电气开工，2022 年 3 月 22 日竣工投产。

2021 年 10 月 19 日完成场地移交及设计交桩；2022 年 1 月 8～21 日完成中间验收；2022 年 1 月 21 日完成标准化转序；2022 年 1 月 25 日完成全站预制舱及主变就位；2022 年 3 月 10～20 日完成启动验收；2022 年 3 月 22 日工程正式竣工投产。

工程全站"零"建筑物，土建施工周期较常规变电站缩短 2 个月。设备安装、调试实现工厂化，施工现场二次接线"即插即用"，电气施工周期较常规变电站缩短 1 个月。工程土建施工与厂内预制舱设备安装调试并行，施工周期缩短 2 个月，较常规 35kV 变电站减少 5 个月，节约施工周期 50%。

（6）总结评价。工程运行阶段，收集、梳理变电站运维情况，发现问题 8 项，如表 5.3－4 所示。

表 5.3－4　　　　　　　　　后期运维重点沟通问题情况

| 序号 | 问题描述 | 解决方案 |
|---|---|---|
| 1 | 现有电容器预制舱为单组电容器舱内布置，运维检修通道考虑在舱外进行，运维检修较为不便，且舱内空间较为狭小，检修箱、配电箱、端子箱安装位置紧凑，无安装门禁空间 | 电容器采用同一段母线 2 组/4 组电容器共舱的模式，预留检修通道，方便辅助设施安装及设备运维检修，且与其他一次舱体外形尺寸统一，整体更为协调美观 |
| 2 | 电源舱内 UPS 电源屏及直流分屏机架式安装，空开及按钮采用内嵌式方案，存在误碰隐患 | 按空开安装行增加开启式透明防护罩，兼顾巡视、操作及防止误碰 |

| 序号 | 问题描述 | 解决方案 |
|---|---|---|
| 3 | 前期设计中考虑整体美观，将较大尺寸的壁挂附属设施（SF$_6$报警主机、风机控制箱、空调）安装在舱体侧壁，起不到进入舱内提醒作用 | 后期工程中考虑将SF$_6$报警主机壁挂安装在舱体正面或在舱体正面安装双监探测器，当人员靠近时进行提示告警 |
| 4 | 优化舱体门窗防雨设计方案：<br>（1）考虑无人值守站运维较少，雨天运维情况更为少见，未设置门窗防雨棚，雨天开门有扫雨隐患。<br>（2）仅在舱体屋面布置檐口和滴水线槽 | 舱体设计时增加装配式雨棚，到场后简单安装即可 |
| 5 | 优化预制舱空调布置方案：<br>（1）空调接线外露。<br>（2）冷凝水管走线不规则 | （1）空调接线与厂家沟通，空调表面与舱壁保持平齐，设置外罩保持美观。<br>（2）冷凝水管集中走线，整齐美观 |
| 6 | 二次设备预制舱UPS电源屏及直流分屏空开裸露无防护，建议加装防护罩 | 在最新的机架方案中增加透明封板 |
| 7 | 二次设备舱屏柜的五防在不使用钥匙情况下也可打开屏柜门修改保护或者更改二次线，建议取消二次设备舱屏柜五防 | 由于预制舱内二次设备采用机架式安装，本次增设智能防误盖板目的是防止误操作设备或误入间隔及误碰。另考虑到紧急情况下解锁所有智能盖板，增加了紧急解锁装置。智能防误盖板授权开启，可在后台一次输入，单次运维所需的盖板统一授权 |
| 8 | 部分预制舱体底部电缆出线封堵孔口边缘锋利，开口小，敷设时易刮伤电缆外壳或塑料绝缘层 | 电缆出线孔要预留足够尺寸且封堵口边缘做钝化处理或增加有机材质护套 |

## 5.3.3　建设成效

### 5.3.3.1　建设进度管控

工程于 2021 年 10 月 22 日开工建设，2022 年 3 月 22 日竣工投产。有效工期为 129 天，较常规变电站缩短工期 50%，建设效率大幅提升。

### 5.3.3.2　安全风险压降

无常规建筑物，消减了钢结构梁柱吊装三级风险作业，现场施工工序减少，避免交叉作业。工程施工安全三级及以上风险点减少达 50%，施工安全性大大提高，如表 5.3－5 所示。

表 5.3－5　　　　　　安 全 风 险 压 降 情 况

| 序号 | 现有风险等级 | 原有风险等级 | 备注 |
|---|---|---|---|
| 1 | 四级风险：二次设备舱安装 | 三级风险：钢结构吊装 | 二次设备舱替代原有钢结构配电装置室、开关室及警卫室 |
| 2 | 四级风险：10kV 设备舱安装 | 三级风险：钢结构吊装 | |
| 3 | 四级风险：辅助用房舱安装 | 三级风险：钢结构吊装 | |

### 5.3.3.3　绿色建造

工程优先选用装配式围墙，以及雨污水井、电缆沟盖板、巡视小道面包砖、油池压顶等预制构件绿色可循环建材，大幅减少混凝土和砌体工程量，实现±0m以上零湿作业，大大减少切割工作量，降低污染。较同规模通用设计方案变电站，节省混凝土用量13.3m³，节省砌体用砖量36m³，增加钢材用量19t，共计减少碳排放量33.5t。

### 5.3.3.4　机械化施工

工程从场地平整到预制舱吊装采用挖掘机、起重机等机械化装备6种，机械化施工应用率达90%以上，如表5.3－6所示。

表5.3－6　　　　　　　　　设备使用情况

| 序号 | 分部分项 | 设备名称 | 应用场景（工序） | 使用时间 |
|---|---|---|---|---|
| 1 | 场地平整 | 挖掘机 | 场地平整 | 2021年10月 |
| 2 | 主体结构 | 围墙吊装工具 | 装配式围墙 | 2021年12月 |
| 3 | 设备安装 | 汽车式起重机 | 预制舱、设备安装 | 2022年1～3月 |
| 4 | | 自平衡吊具 | 预制舱安装 | 2022年1月 |
| 5 | | 汽车式起重机 | 变压器安装 | 2022年1月 |
| 6 | 电缆施工 | 二次电缆敷设专用工具 | 控制电缆敷设 | 2022年3月 |
| 7 | | 电缆自动输送装置 | 高压电缆敷设 | 2022年2月 |

# 5.4　35kV应急变电站新建工程

35kV应急变电站是健康驿站方舱医院供电工程，作为应急工程，该项目要求建设周期短，如严格串行开展可研、初步设计、施工图审查、招标及施工等各环节工作，工程实施周期难以满足投产需求。建设单位创新建管模式，应用前期创新的标准化整套技术方案，采用应急招标模式，自2022年6月24日立项，2022年8月1日开工建设，同年9月27日竣工投产，历时95天，依法合规完成建设。

## 5.4.1　技术方案

35kV应急变电站新建2台容量为10MVA的三相双绕组自冷有载调压变压器；35kV出线2回，采用35kV气体绝缘开关柜预制舱；10kV出线8回，采用10kV

气体绝缘开关柜预制舱；无功补偿配置 4 组预制舱式电容器，单组容量为 1Mvar。

　　35kV 应急舱式变电站在站内设 U 形道路，与外部道路相接形成环形道路。2 台主变压器位于 U 形道路内侧。35kV 气体绝缘开关柜预制舱、10kV 气体绝缘开关柜预制舱、机架式二次设备预制舱等舱式设备沿 U 形道路外侧采用舱式设备钢结构架空平台布置，优化后总平面布置占地面积大幅减少，围墙内占地面积较通用设计 35－E3－1 节省 858m²，节约用地率达 35.48%。55kV 变电站布局图如图 5.4－1 所示。

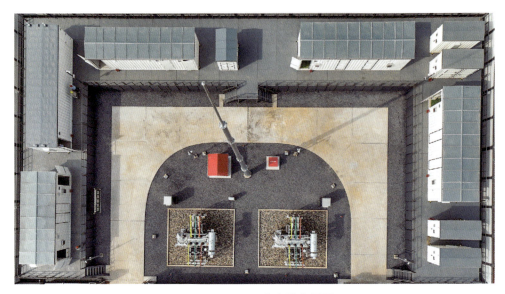

图 5.4－1　35kV 变电站布局图

## 5.4.2　主要特点

### 5.4.2.1　技术特点

　　35kV 舱式变电站除主变压器外，全站均采用预制舱式设备，形成了 3 类 6 种功能的系列化舱式设备产品，如表 5.4－1 所示。

表 5.4－1　　　　　　　　　　　全站预制舱使用情况

| 舱体类型 | 舱体名称 | 数量 | 三维模型图 | 备注 |
|---|---|---|---|---|
| 一次舱 | 35kV 气体绝缘开关柜预制舱 | 1 | | |

| 舱体类型 | 舱体名称 | 数量 | 三维模型图 | 备注 |
|---|---|---|---|---|
| 一次舱 | 10kV 气体绝缘开关柜预制舱 | 2 | | |
| | 接地变压器预制舱 | 1 | | |
| | 户内框架电容器预制舱 | 4 | | |
| 二次舱 | 机架式二次设备预制舱 | 1 | | |
| 电源舱 | 并联型直流电源预制舱 | 1 | | |

（1）35kV 应急变电站在设计建造过程中，应用了 110、35kV 变电站的创新方案，35kV 与 10kV 设备均采用气体绝缘开关柜预制舱，较常规设备室占地面积分别减少 70%、50%，电容器采用舱式一体化设备较通设中电容器成套装置占地减少约 50%。

（2）首次在变电站内采用螺旋钢桩基础。该基础形式具备施工进度快、避免土方开挖作业、钢桩全回收、重复利用、低碳环保的优点。

（3）采用架空钢框架设备平台。钢平台模块化设计、工厂化加工、集成电缆通道、平台可重复利用可回收、整体美观便于运维特点。

（4）二次设备设置 1 座机架式二次设备预制舱和 1 座一体化电源舱。全站二次设备按功能、电压等级、安装方式划分为主控及公用模块、通信模块、电源模块、间隔模块 4 大类设备模块，各模块均下放至二次预制舱内安装，形成标准的二次预制舱模块。

针对前接线设备、后接线设备、通信设备、超深设备、电源设备等不同设备安装特性及运维需求，形成常规机架、旋转机架、通信机架、侧放机架、电源机架，满足舱内设备安装需求。

（5）应用一键顺控技术。全站主要技术 10 项，具体见表 5.4-2。

表 5.4-2　　　　　　　　　　　技术应用清单（技术特色）

| 序号 | 技术名称 | 技术特色 | 索引章节 |
|------|----------|----------|----------|
| 1 | 35kV SF$_6$充气柜 | SF$_6$开关柜占地小，完全密封，绝缘水平高，免维护，提高运行的可靠性及人身安全，并具有全模块化优势，比传统的高压开关柜节省体积 70%以上 | 2.2.1.1 |
| 2 | 10kV 纵旋式开关柜 | 柜内设备采用纵向布置，柜宽较常规空气绝缘柜体尺寸小；柜内设备可通过柜前通道进行安装运维，柜后可靠墙布置，适用于预制舱内布置 | 2.2.1.1 |
| 3 | 35kV 预制舱式设备 | 35kV 预制舱代替配电装置室，在厂房内与开关柜完成组装，设备运至现场后进行吊装就位，按母线单独设舱，柜后开柜门，方便设备检修更换。相比配电装置室，可有效提高设备集成度，减少占地面积，缩短施工周期，更加绿色环保 | 2.2.1.2 |
| 4 | 10kV 预制舱式设备 | 10kV 预制舱代替配电装置室，在厂房内与开关柜完成组装，设备运至现场后进行吊装就位，相比配电装置室，可有效提高设备集成度，减少占地面积，缩短施工周期，更加绿色环保 | 2.2.1.2 |
| 5 | 10kV 预制舱式电容器 | 10kV 预制舱式电容器结构紧凑、占地面积小，在工厂内集成，整体运输至现场 | 2.2.3.1 |
| 6 | 五类标准二次设备机架技术 | 二次设备机架采用常规机架、旋转机架、通信机架、侧放机架、电源机架，满足舱内整体机架安装风格统一化和设备安装需求个性化的双重要求 | 2.3.3.1 |
| 7 | 精准送风技术 | 每组机架设置独立稳控风扇系统 | 2.3.3.3 |
| 8 | 框架结构架空平台 | 预制舱基础采用钢结构架空平台，预制舱周边设置检修通道，通风顺畅，电缆走线方便，运维检修舒适 | 3.2.3.1 |
| 9 | 装配式围墙 | 围墙方案采用钢柱和预制墙板。墙板采用纤维水泥复合条板板，轻便、环保、工艺质量统一，现场施工工期短，无污染 | 2.1.3.1 |
| 10 | 标准化小型预制构件 | 预制压顶 | 2.1.3.3 |

### 5.4.2.2　管理特点

（1）创新建管模式。建设单位应用前期创新的标准化整套技术方案，创新选择建设模式，优化螺旋钢桩基础和架空钢框架设备平台，同时深化"两个前期一体化"，安排设计人员集中办公，一周完成初步设计文本编制，三天即上会完成初步设计评审，三天评审意见下达。创新应急招标模式。建设单位会同物资部针对工程的物资进行整理分类，通过专题报告向省公司汇报争取"绿色通道""特事特办"，采用"紧急采购""框架匹配"及"物资调拨"的形式完成物资采购。加强工厂管控保质量。成立物资供应保障专班，主动对中标厂家产能等情况进行摸底、派专人驻厂监货，确保关键物资保质的前提下提速供应。同时验收工作前移至厂内，将设备质量管控前移，避免把问题带到施工现场，从源头控制质量。应急项目，生产、基建协同管控。生产基建一体化开展应急建设，生产提前介入，直接参与调试管理。生产准备提前做，提前编写设备运行规程和检修规程，做到基建生产的无缝衔接。

（2）设联会管理方面。与预制舱、钢平台、螺旋桩厂家召开设专项讨论会，确保舱式变电站整套技术方案落地执行，具体如表 5.4-3 所示。

表 5.4-3　　　　　　　　　设 联 会 明 细

| 序号 | 会议名称 | 主要内容 |
|---|---|---|
| 1 | 预制舱钢平台及螺旋桩 | 明确预制舱钢平台轮廓尺寸、预制舱钢平台结构、预制舱钢平台装饰效果、防火、防腐性能要求、接地、线缆通道等；明确钢平台采用螺旋桩基础，螺旋桩与钢平台采用螺栓连接 |
| 2 | 预制舱钢平台工厂监造及加工深化 | 明确围墙螺旋桩基础增加调节板、钢平台现场加工情况及连接优化等 |

（3）进度计划管理方面。35kV 应急变电站工程于 2022 年 8 月 1 日开始土建施工、8 月 11 日开始螺栓桩施工、8 月 30 日开始模块化钢平台安装，9 月 1 日开始电气安装，9 月 8 日开始二次调试，9 月 21 日完成全站设备耐压试验及三级自检工作，9 月 21 日启动预备会，9 月 23 日完成竣工预验收，9 月 25 日完成配合验收消缺工作，9 月 26 日召开启动会，9 月 27 日启动送电。建设过程中通过双协同推进工程建设，一是政企协同推进项目建设，二是部门协同解决建设难题。同时推行"串改并"并行作业法，工程土建施工与厂内预制舱设备安装调试并行，"标准化预制，装配式安装"。有效工期为 58 天，较常规 35kV 变电站减少 7 个月。

（4）施工管理方面。施工管控从现场延伸到工厂。与传统变电站工程重点针对现场的管理模式不同，舱式变电站整舱工厂化预制，将舱体结构、墙地面及吊顶装饰、强弱电系统及相关设备等悉数集成，在厂内通电，通过建设单位监造验收后，才最终发至现场，即装即用。

现场安装模式由设备就位拼接向舱体吊装转变。舱式变电站现场施工前，利用数字建模技术对现场吊装进行模拟，明确起重机选型、站位、舱体吊装顺序等关键内容，优化舱体就位方案，确保舱体吊装安全管控到位、成品保护到位。

1）螺旋桩及钢平台施工。35kV 应急变电站采用螺旋桩和模块化钢平台，依据地质勘探数据及施工图纸，该站共有 330 个螺旋桩，其中 A 型桩 192 个、B 型桩 138 个。工程采用液压履带式打桩机，螺旋桩钻机约 5～10min 可完成一个螺旋桩，配备 2 名施工人员。打桩机操作依据测量放线的桩位进行施工，履带式打桩机打桩前选择较为平整稳妥的地方就位。

配电装置室主体结构采用钢接的形式与混凝土柱预埋螺栓连接，其中最大单重量约 2.789t，最远距离 15m。使用 25t 汽车式起重机，全长臂 32m，27.93m 起升幅度可起重 2.9t，满足吊装作业要求。钢架平台安装完成后，防护围栏未及时到货钢架平台高度接近 2m，人员在钢架平台施工存在坠落风险，针对存在的风险隐患，及时领用安全围栏立柱，防止发生高坠风险隐患。

2）预制舱吊装。施工前，利用 BIM 建模计算对整舱结构受力、底板结构受力、吊装工况等计算复核，模拟运输和吊装计划，确保施工有序，利用三维建模技术对现场吊装进行模拟，明确起重机选型站位、舱体吊装顺序等关键内容，优化施工方案，确保全部舱体顺利完成吊装工作。

就位时，根据装卸车作业条件和设备重量，经过分析计算，选择 100t 的起重机，在箱体进行吊装时，采用四点吊装，保证箱体平稳起吊，平移。舱体吊装照片如图 5.4-2 所示。

图 5.4-2　舱体吊装照片

（5）监造管理方面。舱式变电站设备与舱体集成高，质量管控重点由工作现场延伸到集成工厂，舱式设备在工厂时，及时跟踪厂内施工进度，组织监理、设计、施工、运维单位成立监造组，全过程参与舱体生产及设备集成工作，对重点工艺、出厂试验调试等开展监造。35kV应急变电站监造组，共发现问题2项，提出整改建议2条，均已整改完成。35kV应急变电站监造管理图如图5.4-3所示。

(a) 35kV应急变电站监造现场图　　　　　　(b) 舱体出厂装车图

图 5.4-3　35kV应急变电站监造管理图

## 5.4.3　建设成效

### 5.4.3.1　建设质效全面提速

35kV应急变电站自2022年8月1日开工建设，2022年9月27日竣工投产，有效工期为58天，较常规35kV变电站减少7个月，节约施工周期约78%。

### 5.4.3.2　践行绿色环保理念

优先选用绿色可循环建材，大幅减少混凝土和砌体工程量，地面以上实现零湿作业。较同规模通用设计方案变电站，节省混凝土用量173.32m³，节省砌体用砖量36m³，节省装配式墙板120.5m³。

### 5.4.3.3　安全风险压降明显

无常规建筑物，消减了钢结构梁柱吊装三级风险作业，现场施工工序减少，避免交叉作业。工程施工安全三级及以上风险点减少达50%，施工安全性大大提高，如表5.4-4所示。

表 5.4-4　　　　　　　　　　安全风险压降情况

| 序号 | 现有风险等级 | 原有风险等级 | 备注 |
|---|---|---|---|
| 1 | 四级风险：二次设备舱安装 | 三级风险：钢结构吊装 | 二次设备舱替代原有钢结构配电装置室、开关室及警卫室 |
| 2 | 四级风险：10kV设备舱安装 | 三级风险：钢结构吊装 | |
| 3 | 四级风险：辅助用房舱安装 | 三级风险：钢结构吊装 | |

#### 5.4.3.4　机械化施工应用尽用

　　全面应用装配式构筑物和预制舱，机械化施工应用率达 100%，如表 5.4－5 所示。

表 5.4－5　　　　　　　　机 械 化 施 工 应 用 率

| 工序 | 工序权重系数 | 子工序 | 子工序权重系数 | 机械化装备 | 应用场景 | 机械化应用率（%） |
|---|---|---|---|---|---|---|
| 大件就位 | 0.05 | 大件就位 | 0.05 | 平板车 | 预制舱运输 | 0.05 |
| 四通一平 | 0.05 | 四通一平 | 0.05 | 挖掘机 | 场地平整 | 0.05 |
| 土建 | 0.5 | 基础与地基处理 | 0.1 | 打桩机 | 钢管螺旋桩 | 0.1 |
| | | 建筑物 | 0.15 | 汽车式起重机 | 预制舱 | 0.15 |
| | | 构筑物 | 0.15 | 汽车式起重机 | 装配式围墙 | 0.15 |
| | | 构支架 | 0.1 | 汽车式起重机 | 避雷针 | 0.1 |
| 安装 | 0.4 | 变压器、电抗器、电容器 | 0.15 | 汽车式起重机 | 设备安装 | 0.15 |
| | | GIS、独立设备及开关柜 | 0.15 | 汽车式起重机 | 预制舱 | 0.15 |
| | | 二次设备 | 0.1 | 二次电缆敷设专用工具、电缆自动输送装置 | 电缆施工 | 0.1 |

# 附录 A 开关柜出厂验收（试验）标准卡

开关柜出厂验收（试验）标准卡见表 A.1。

表 A.1 开关柜出厂验收（试验）标准卡

| 开关柜基础信息 | 工程名称 | | 生产厂家 | |
|---|---|---|---|---|
| | 设备型号 | | 出厂编号 | |
| | 验收单位 | | 验收日期 | |

| 序号 | 验收项目 | 验收标准 | 检查方式 | 验收结论（是否合格） | 验收问题说明 |
|---|---|---|---|---|---|
| 一、断路器试验验收 | | | 验收人签字： | | |
| 1 | 绝缘电阻试验 | 绝缘电阻数值应满足产品技术条件规定 | 旁站见证/资料检查 | 绝缘电阻：___MΩ<br>□是　　□否 | |
| 2 | 每相导电回路电阻试验 | 测得的电阻不应超过 $1.2R_u$（$R_u$ 为型式试验时温升试验前测得的电阻） | 旁站见证/资料检查 | 回路电阻：___μΩ<br>□是　　□否 | |
| 3 | 交流耐压试验 | 应在断路器合闸及分闸状态下进行交流耐压试验，如果没有发生破坏性放电，则认为通过试验 | 旁站见证/资料检查 | 整体耐压：__kV<br>断口耐压：__kV<br>□是　　□否 | |
| 4 | 机械特性试验 | （1）机械特性测试数据应符合产品技术条件规定，在机械特性试验中同步记录触头行程曲线，并确保在规定的范围内。<br>（2）用于电容器投切的断路器出厂时必须提供本台断路器分、合闸行程特性曲线，并提供本型断路器的标准分、合闸行程特性曲线。<br>（3）低电压动作试验，符合产品技术条件规定。<br>（4）12kV 真空断路器合闸弹跳时间不应大于 2ms。<br>（5）24kV 真空断路器合闸弹跳时间不应大于 2ms。<br>（6）40.5kV 真空断路器合闸弹跳时间不应大于 3ms | 旁站见证/资料检查 | 合闸时间：___ms<br>分闸时间：___ms<br>合闸不同期：___ms<br>分闸不同期：___ms<br>弹跳时间：___ms<br>□是　　□否 | |
| 5 | 分、合闸线圈及合闸接触器线圈的绝缘电阻和直流电阻 | （1）绝缘电阻值不应小于 10MΩ。<br>（2）直流电阻值与产品出厂试验值相比应无明显差别 | 旁站见证/资料检查 | 绝缘电阻：___MΩ<br>直流电阻：___Ω<br>□是　　□否 | |
| 6 | 投切电容器组试验、整体老炼试验 | （1）用于电容器投切的开关柜必须有其所配断路器投切电容器的试验报告。<br>（2）对于真空断路器，则应在出厂前进行高压大电流老炼处理，厂家应提供断路器整体老炼试验报告 | 旁站见证/资料检查 | □是　　□否 | |

| 序号 | 验收项目 | 验收标准 | 检查方式 | 验收结论（是否合格） | 验收问题说明 |
|---|---|---|---|---|---|
| 7 | 辅助和控制回路工频耐压试验 | 试验电压为 2kV、持续时间 1min | 旁站见证/资料检查 | 试验电压：__kV<br>□是　□否 | |
| 8 | 操动机构的试验 | （1）合闸装置在额定电源电压的 85%～110%范围内，应可靠动作。<br>（2）分闸装置在额定电源电压的 65%～110%（直流）或 85%～110%（交流）范围内，应可靠动作。<br>（3）当电源电压低于额定电压的 30%时，分闸装置不应脱扣 | 旁站见证/资料检查 | □是　　□否 | |
| 二、绝缘子试验验收 | | | | 验收人签字： | |
| 1 | 绝缘电阻试验 | 符合产品技术协议要求 | 旁站见证/资料检查 | 绝缘电阻：___MΩ<br>□是　□否 | |
| 2 | 交流耐压试验 | 如果没有发生破坏性放电，则认为通过试验 | 旁站见证/资料检查 | 试验电压：__kV<br>□是　□否 | |
| 3 | 局部放电试验 | 开关柜中所有绝缘件装配前均应进行局放检测，单个绝缘件局部放电量不大于 3pC | 旁站见证/资料检查 | 局放量：__pC<br>□是　□否 | |
| 三、$SF_6$ 充气柜验收 | | | | 验收人签字： | |
| 1 | $SF_6$ 气体预充压力 | 符合厂家出厂充气压力要求 | 现场检查 | □是　　□否 | |
| 2 | $SF_6$ 性能 | （1）必须经 $SF_6$ 气体质量监督管理中心抽检合格，并出具检测报告。<br>（2）充气前应对每瓶气体测量微水，满足《工业六氧化硫》（GB 12022—2014）对新气的要求方可充入。<br>（3）$SF_6$ 气体注入设备前后必须进行湿度试验，且应对设备内气体进行 $SF_6$ 纯度检测，必要时进行气体成分分析，结果符合标准要求 | 旁站见证/资料检查 | 微量水：__μL/L<br>□是　□否 | |
| 3 | 气体密封性试验 | 每个封闭压力系统或隔室允许的相对年漏气率应不大于 0.5% | 旁站见证/资料检查 | 漏气率：__%<br>□是　□否 | |
| 四、开关柜整体试验验收 | | | | 验收人签字： | |
| 1 | 交流耐压试验 | 交流耐压试验过程中不应发生贯穿性放电 | 旁站见证/资料检查 | 试验电压：__kV<br>□是　□否 | |
| 2 | 局部放电检测 | 无异常放电 | 旁站见证/资料检查 | 局放量：__pC<br>□是　□否 | |

# 附录 B  二次设备功能验收表

二次设备功能验收表见表 B.1。

**表 B.1**　　　　　　　　　　二次设备功能验收表

| 安装单元 | 1 号线路 | | 型号 | | NSR-3611 |
|---|---|---|---|---|---|
| 开入量名称 | 屏内校验时检查 | 带二次回路检查 | 开入量名称 | 屏内校验时检查 | 带二次回路检查 |
| TWJ | 正确 | 正确 | 断路器分位 | 正确 | 正确 |
| HWJ | 正确 | 正确 | 断路器合位 | 正确 | 正确 |
| 合后 | 正确 | 正确 | 隔离手车分位 | 正确 | 正确 |
| 投检修压板 | 正确 | 正确 | 隔离手车合位 | 正确 | 正确 |
| 投低频减载 | 正确 | 正确 | 接地刀闸分位 | 正确 | 正确 |
| 投低压减载 | 正确 | 正确 | 接地刀闸合位 | 正确 | 正确 |
| 投闭锁重合闸 | 正确 | 正确 | 电压空开断开 | 正确 | 正确 |
| 近控及遥控试验 | | | | | |
| 断路器 | 控分 | 正确 | 隔离手车 | 控分 | 正确 |
| | 控合 | 正确 | | 控合 | 正确 |
| 接地开关 | 控分 | 正确 | — | — | — |
| | 控合 | 正确 | — | — | — |
| 保护整组传动试验 | | | | | |
| 序号 | 试验项目 | | 结论 | | |
| 1 | 保护充电 | | 正确 | | |
| 2 | 保护跳闸 | | 正确 | | |
| 3 | 保护合闸 | | 正确 | | |
| 视频监控状况 | | | | | |
| 断路器上断口 A 相 | 视屏正常 | | 断路器下端口 | | 视屏正常 |
| 断路器上断口 B 相 | 视屏正常 | | 接地开关 | | 视屏正常 |
| 断路器上断口 C 相 | 视屏正常 | | — | | — |

# 参 考 文 献

［1］ 樊永航，李丹乐，罗晓予. 基于全生命周期的变电站建筑减碳优化研究［J］. 建筑节能（中英文），2024，52（3）：24－29＋92.

［2］ 左涛，李敏，宋英杰，等. 变电站预制舱围护结构建设能耗与碳排放计算及分析［J］. 电气时代，2024，（3）：88－92.

［3］ 徐剑佩，许慧，张冰淇. 变电工程模块化建设的研究与探讨［J］. 电力安全技术，2023，25（11）：46－49.

［4］ 贺肖. 变电站附属建筑施工风险评价与控制研究［D］. 福州：福州大学，2013.

［5］ 左涛，朱西平，蒋强，等. 全模块化预制舱式变电站技术经济指标分析［J］. 电气时代，2023（6）：98－102.

［6］ 刘元生，王胜，白云鹏，等. 面向智能变电站的威胁与风险评价模型研究与实现［J］. 重庆大学学报，2021，44（7）：64－74.

［7］ 张培. 智能变电站巡检机器人的应用［J］. 现代制造技术与装备，2022，58（6）：222－224.

［8］ 汪和龙，刘亚庆，盛晓云，等. BIM 技术在模块化装配式变电站综合管线优化性应用概述［J］. 自动化应用，2017（12）：3.

［9］ 张焰民. 变电站预制式二次设备舱专题研究［J］. 广东科技，2014，23（14）：79－80.

［10］ 周洁，李海滨，霍菲阳，等. 500 kV 智能变电站预制舱模块化设计方案关键技术研究［J］. 科技资讯，2016，14（13）：42，44.

［11］ 张大庆. 预制舱式变电站模块化设计方法［J］. 电子测试，2018，25（14）：5－8.

［12］ 谢瑞，周兴扬，杨卫星，等. 预制式二次组合设备模块方案应用［J］. 电网与清洁能源，2016，32（12）：47－50，56.

［13］ 程卓，聂独. 预制式变电站结构方案及其技术特点研究［J］. 中国新技术新产品，2019，（4）：96－97.

［14］ 丁丽平，韩付申，丁妍妍. 预制舱并舱结构及仿真分析［J］. CAD/CAM 与制造业信息化，2014，（11）：40－42.

［15］ 柳国良，张新育，胡兆明. 变电站模块化建设研究综述［J］. 电网技术，2008，32（14）：4.

［16］ 林文静. 基于模块化技术的智能变电站设计［D］. 山东：山东大学，2021.

［17］ 耿芳，王笑一，张晓虹，等. 智能变电站模块化设计研究［J］. 电子技术应用，2015（1）：237-247.

［18］ 胡劲松，石改萍，孔祥玉，等. 新技术对模块化智能变电站设计的影响分析和建议［J］. 电力系统及其自动化学报，2020，32（3）：107-112.